KB100566

안쌤의
STEAM
+ 창의사고력
과학 100제

초등 3학년

시대에듀

안쌤의

STEAM
+ 창의사고력
과학 100제

초등 **3**학년

안쌤
영재교육연구소

안쌤 영재교육연구소 학습 자료실
샘플 강의와 정오표 등 여러 가지 학습 자료를 확인하세요~!

이 책을 펴내며

초등학교 과정에서 과학은 수학과 영어에 비해 관심을 적게 받기 때문에 과학을 전문으로 가르치는 학원도 적고 강의 또한 많이 개설되지 않는다. 이런 상황에서 과학은 어렵고, 배우기 힘든 과목이 되어가고 있다. 특히, 수도권을 제외한 지역에서 양질의 과학 교육을 받는 것은 매우 힘든 일임이 분명하다. 그래서 지역에 상관없이 전국의 학생들이 질 좋은 과학 수업을 받을 수 있도록 창의사고력 과학 특강을 실시간 강의로 진행하게 되었고, '안쌤 영재교육연구소' 카페를 통해 강의를 진행하면서 많은 학생이 과학에 대한 흥미와 재미를 더해가는 모습을 보게 되었다. 더불어 20년이 넘는 시간 동안 많은 학생이 영재교육원에 합격하는 모습을 지켜볼 수 있는 영광을 얻기도 했다.

영재교육원 시험에 출제되는 창의사고력 과학 문제들은 대부분 실생활에서 볼 수 있는 현상을 과학적으로 '어떻게 설명할 수 있는지', '왜 그런 현상이 일어나는지', '어떻게 하면 그런 현상을 없앨 수 있는지' 등의 다양한 접근을 통해 해결해야 한다. 이러한 과정을 통해 창의사고력을 키울 수 있고, 문제해결력을 향상시킬 수 있다. 직접 배우고 가르치는 과정 속에서 과학은 세상을 살아가는 데 매우 중요한 학문이며, 꼭 어렸을 때부터 배워야 하는 과목이라는 것을 알게 되었다. 과학을 통해 창의사고력과 문제해결력이 향상된다면 학생들은 어려운 문제나 상황에 부딪혔을 때 포기하지 않을 것이며, 그 문제나 상황이 발생된 원인을 찾고 분석하여 해결하려고 노력할 것이다. 이처럼 과학은 공부뿐만 아니라 인생을 살아가는 데 있어 매우 중요한 역할을 한다.

이에 시대에듀와 함께 다년간의 강의와 집필 과정에서의 노하우를 담은 『안쌤의 STEAM + 창의사고력 과학 100제』 시리즈를 집필하여 영재교육원을 대비하는 대표 교재를 출간하고자 한다. 이 교재는 어렵게 생각할 수 있는 과학 문제에 재미있는 그림을 연결하여 흥미를 유발했고, 과학 기사와 실전 문제를 융합한 '창의사고력 실력다지기' 문제를 구성했다. 마지막으로 실제 시험 유형을 확인할 수 있도록 영재교육원 기출문제를 정리해 수록했다.

이 교재와 안쌤 영재교육연구소 카페의 다양한 정보를 통해 많은 학생들이 과학에 더 큰 관심을 갖고, 자신의 꿈을 키우기 위해 노력하며 행복하게 살아가길 바란다.

안쌤 영재교육연구소 대표 안재범

영재교육원에 대해 궁금해 하는 Q&A

영재교육원 대비로 가장 많이 문의하는 궁금증 리스트와
안쌤의 속~ 시원한 답변 시리즈

No.1 안쌤이 생각하는 대학부설 영재교육원과 교육청 영재교육원의 차이점

Q 어느 영재교육원이 더 좋나요?

A 대학부설 영재교육원이 대부분 더 좋다고 할 수 있습니다. 대학부설 영재교육원은 대학 교수님 주관으로 진행하고, 교육청 영재교육원은 영재 담당 선생님이 진행합니다. 교육청 영재교육원은 기본 과정, 대학부설 영재교육원은 심화 과정, 사사 과정을 담당합니다.

Q 어느 영재교육원이 들어가기 쉽나요?

A 대부분 대학부설 영재교육원이 더 합격하기 어렵습니다. 대학부설 영재교육원은 9~11월, 교육청 영재교육원은 11~12월에 선발합니다. 먼저 선발하는 대학부설 영재교육원에 대부분의 학생들이 지원하고 상대평가로 합격이 결정되므로 경쟁률이 높고 합격하기 어렵습니다.

Q 선발 요강은 어떻게 다른가요?

A

대학부설 영재교육원은 대학마다 다양한 유형으로 진행이 됩니다.	교육청 영재교육원은 지역마다 다양한 유형으로 진행이 됩니다.
1단계 서류 전형으로 자기소개서, 영재성 입증자료 **2단계** 지필평가 (창의적 문제해결력 평가(검사), 영재성판별검사, 창의력검사 등) **3단계** 심층면접(캠프전형, 토론면접 등) ※ 지원하고자 하는 대학부설 영재교육원 요강을 꼭 확인해 주세요.	GED 지원단계 자기보고서 포함 여부 **1단계** 지필평가 (창의적 문제해결력 평가(검사), 영재성검사 등) **2단계** 면접 평가(심층면접, 토론면접 등) ※ 지원하고자 하는 교육청 영재교육원 요강을 꼭 확인해 주세요.

No.2 교재 선택의 기준

Q 현재 4학년이면 어떤 교재를 봐야 하나요?

A 교육청 영재교육원은 선행 문제를 낼 수 없기 때문에 현재 학년에 맞는 교재를 선택하시면 됩니다.

Q 현재 6학년인데, 중등 영재교육원에 지원합니다. 중등 선행을 해야 하나요?

A 현재 6학년이면 6학년과 관련된 문제가 출제됩니다. 중등 영재교육원이라 하는 이유는 올해 합격하면 내년에 중학교 1학년이 되어 영재교육원을 다니기 때문입니다.

Q 대학부설 영재교육원은 수준이 다른가요?

A 대학부설 영재교육원은 대학마다 다르지만 1~2개 학년을 더 공부하는 것이 유리합니다.

지필평가 유형 안내

 영재성검사와 창의적 문제해결력 검사는 어떻게 다른가요?

A 과거

영재성 검사		학문적성 검사		창의적 문제해결력 검사
언어창의성				수학창의성
수학창의성		수학사고력		수학사고력
수학사고력	+	과학사고력	=	과학창의성
과학창의성		창의사고력		과학사고력
과학사고력				융합사고력

현재

영재성 검사	창의적 문제해결력 검사
일반창의성	수학창의성
수학창의성	수학사고력
수학사고력	과학창의성
과학창의성	과학사고력
과학사고력	융합사고력

지역마다 실시하는 시험이 다릅니다.
서울: 창의적 문제해결력 검사
부산: 창의적 문제해결력 검사(영재성검사＋학문적성검사)
대구: 창의적 문제해결력 검사
대전＋경남＋울산: 영재성검사, 창의적 문제해결력 검사

 영재교육원 대비 파이널 공부 방법

Step1 **자기인식**

자가 채점으로 현재 자신의 실력을 확인해 주세요. 남은 기간 동안 효율적으로 준비하기 위해서는 현재 자신의 실력을 확인해야 합니다. 기간이 많이 남지 않았다면 빨리 지필평가에 맞는 교재를 준비해 주세요.

Step2 **답안 작성 연습**

지필평가 대비로 가장 중요한 부분은 답안 작성 연습입니다. 모든 문제가 서술형이라서 아무리 많이 알고 있고, 답을 알더라도 답안을 제대로 작성하지 않으면 점수를 잘 받을 수 없습니다. 꼭 답안 쓰는 연습을 해 주세요. 자가 채점이 많은 도움이 됩니다.

안쌤이 생각하는
자기주도형 과학 학습법

변화하는 교육정책에 흔들리지 않는 것이 자기주도형 학습법이 아닐까?
입시 제도가 변해도 제대로 된 학습을 한다면 자신의 꿈을 이루는 데 걸림돌이 되지 않는다!

독서 ▶ 동기 부여 ▶ 공부 스타일로
공부하기 위한 기본적인 환경을 만들어야 한다.

1단계 독서

'빈익빈 부익부'라는 말은 지식에도 적용된다. 기본적인 정보가 부족하면 새로운 정보도 의미가 없지만, 기본적인 정보가 많으면 새로운 정보를 의미 있는 정보로 만들 수 있고, 기본적인 정보와 연결해 추가적인 정보(응용 · 창의)까지 쌓을 수 있다. 그렇기 때문에 먼저 기본적인 지식을 쌓지 않으면 아무리 열심히 공부해도 과학 과목에서 높은 점수를 받기 어렵다. 기본적인 지식을 많이 쌓는 방법으로는 독서와 다양한 경험이 있다. 그래서 입시에서 독서 이력과 창의적 체험활동(www.neis.go.kr)을 보는 것이다.

2단계 동기 부여

인간은 본인의 의지로 선택한 일에 책임감이 더 강해지므로 스스로 적성을 찾고 장래를 선택하는 것이 가장 좋다. 스스로 적성을 찾는 방법은 여러 종류의 책을 읽어서 자기가 좋아하는 관심 분야를 찾는 것이다. 자기가 원하는 분야에 관심을 갖고 기본 지식을 쌓다 보면, 쌓인 기본 지식이 학습과 연관되면서 공부에 흥미가 생겨 점차 꿈을 이루어 나갈 수 있다. 꿈과 미래가 없이 막연하게 공부만 하면 두뇌의 반응이 약해진다. 그래서 시험 때까지만 기억하면 그만이라고 생각하는 단순 정보는 시험이 끝나는 순간 잊어버린다. 반면 중요하다고 여긴 정보는 두뇌를 강하게 자극해 오래 기억된다. 살아가는 데 꿈을 통한 동기 부여는 학습법 자체보다 더 중요하다고 할 수 있다.

3단계 공부 스타일

공부하는 스타일은 학생마다 다르다. 예를 들면, '익숙한 것을 먼저 하고 익숙하지 않은 것을 나중에 하기', '쉬운 것을 먼저 하고 어려운 것을 나중에 하기', '좋아하는 것을 먼저 하고, 싫어하는 것을 나중에 하기' 등 다양한 방법으로 공부를 하다 보면 자신에게 맞는 공부 스타일을 찾을 수 있다. 자신만의 방법으로 공부를 하면 성취감을 느끼기 쉽고, 어떤 일이든지 자신 있게 해낼 수 있다.

어느 정도 기본적인 환경을 만들었다면
이해 - 기억 - 복습의 자기주도형 3단계 학습법으로
창의적 문제해결력을 키우자.

1단계 — 이해

단원의 전체 내용을 쭉 읽어본 뒤, 개념 확인 문제를 풀면서 중요 개념을 확인해 전체적인 흐름을 잡고 내용 간의 연계(마인드맵 활용)를 만들어 전체적인 내용을 이해한다.

개념을 오래 고민하고 깊이 이해하려 하는 습관은 스스로에게 질문하는 것에서 시작된다.

[이게 무슨 뜻일까? / 이건 왜 이렇게 될까? / 이 둘은 뭐가 다르고, 뭐가 같을까? / 왜 그럴까?]

막히는 문제가 있으면 먼저 머릿속으로 생각하고, 끝까지 이해가 안 되면 답지를 보고 해결한다. 그래도 모르겠으면 여러 방면(관련 도서, 인터넷 검색 등)으로 이해될 때까지 찾아보고, 그럼에도 이해가 안 된다면 선생님께 여쭤 보라. 이런 과정을 통해서 스스로 문제를 해결하는 능력이 키워진다.

2단계 — 기억

암기해야 하는 부분은 의미 관계를 중심으로 분류해 전체 내용을 조직한 후 자신의 성격이나 환경에 맞는 방법, 즉 자신만의 공부 스타일로 공부한다. 이때 노력과 반복이 아닌 흥미와 관심으로 시작하는 것이 중요하다. 그러나 흥미와 관심만으로는 힘들 수 있기 때문에 단원과 관련된 과학 개념이 사회 현상이나 기술을 설명하기 위해 어떻게 활용되고 있는지를 알아보면서 자연스럽게 다가가는 것이 좋다.

그리고 개념 이해를 요구하는 단원은 기억 단계를 필요로 하지 않기 때문에 이해 단계에서 바로 복습 단계로 넘어가면 된다.

3단계 — 복습

과학에서의 복습은 여러 유형의 문제를 풀어 보는 것이다. 이렇게 할 때 교과서에 나온 개념과 원리를 제대로 이해할 수 있을 것이다. 기본 교재(내신 교재)의 문제와 심화 교재(창의사고력 교재)의 문제를 풀면서 문제해결력과 창의성을 키우는 연습을 한다면 과학에서 좋은 점수를 받을 수 있을 것이다.

마지막으로 과목에 대한 흥미를 바탕으로 정서적으로 안정적인 상태에서 낙관적인 태도로 자신감 있게 공부하는 것이 가장 중요하다.

안쌤 영재교육연구소 대표 **안 재 범**

안쌤이 생각하는
영재교육원 대비 전략

1. 학교 생활 관리: 담임교사 추천, 학교장 추천을 받기 위한 기본적인 관리
- 교내 각종 대회 대비 및 창의적 체험활동(www.neis.go.kr) 관리
- 독서 이력 관리: 교육부 독서교육종합지원시스템 운영

2. 흥미 유발과 사고력 향상: 학습에 대한 흥미와 관심을 유발
- 퍼즐 형태의 문제로 흥미와 관심 유발
- 문제를 해결하는 과정에서 집중력과 두뇌 회전력, 사고력 향상

▲ 안쌤의 사고력 수학 퍼즐 시리즈 (총 14종)

3. 교과 선행: 학생의 학습 속도에 맞춰 진행
- '교과 개념 교재 ➡ 심화 교재'의 순서로 진행
- 현행에 머물러 있는 것보다 학생의 학습 속도에 맞는 선행 추천

4. 수학, 과학 과목별 학습
- 수학, 과학의 개념을 이해할 수 있는 문제해결

▲ 안쌤의 STEAM + 창의사고력
수학 100제 시리즈
(초등 1, 2, 3, 4, 5, 6학년)

▲ 안쌤의 STEAM + 창의사고력
과학 100제 시리즈
(초등 1, 2, 3, 4, 5, 6학년)

5. 융합사고력 향상

- 융합사고력을 향상시킬 수 있는 문제해결로 구성

◀ 안쌤의 수 · 과학 융합 특강

6. 지원 가능한 영재교육원 모집 요강 확인

- 지원 가능한 영재교육원 모집 요강을 확인하고 지원 분야와 전형 일정 확인
- 지역마다 학년별 지원 분야가 다를 수 있음

7. 지필평가 대비

- 평가 유형에 맞는 교재 선택과 서술형 답안 작성 연습 필수

▲ 영재성검사 창의적 문제해결력
모의고사 시리즈
(초등 3~4, 5~6, 중등 1~2학년)

▲ SW 정보영재 영재성검사
창의적 문제해결력 모의고사 시리즈
(초등 3~4, 초등 5~중등 1학년)

8. 탐구보고서 대비

- 탐구보고서 제출 영재교육원 대비

◀ 안쌤의 신박한 과학 탐구보고서

9. 면접 기출문제로 연습 필수

- 면접 기출문제와 예상문제에 자신
만의 답변을 글로 정리하고, 말로
표현하는 연습 필수

◀ 안쌤과 함께하는 영재교육원 면접 특강

안쌤 영재교육연구소
수학 · 과학 학습 진단 검사

수학 · 과학 학습 진단 검사란?

수학 · 과학 교과 학년이 완료되었을 때 개념이해력, 개념응용력, 창의력, 수학사고력, 과학탐구력, 융합사고력 부분의 학습이 잘 되었는지 진단하는 검사입니다.

영재교육원 대비를 생각하시는 학부모님과 학생들을 위해, 수학 · 과학 학습 진단 검사를 통해 영재교육원 대비 커리큘럼을 만들어 드립니다.

검사지 구성

과학 13문항	• 다답형 객관식 8문항 • 창의력 2문항 • 탐구력 2문항 • 융합사고력 1문항	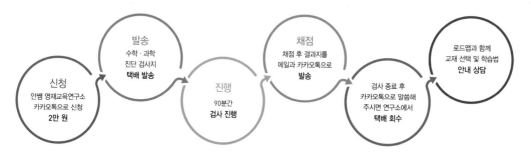
수학 20문항	• 수와 연산 4문항 • 도형 4문항 • 측정 4문항 • 확률/통계 4문항 • 규칙/문제해결 4문항	

수학 · 과학 학습 진단 검사 진행 프로세스

신청
안쌤 영재교육연구소
카카오톡으로 신청
2만 원

발송
수학 · 과학
진단 검사지
택배 발송

진행
90분간
검사 진행

채점
채점 후 결과지를
메일과 카카오톡으로
발송

검사 종료 후
카카오톡으로 말씀해
주시면 연구소에서
택배 회수

로드맵과 함께
교재 선택 및 학습법
안내 상담

수학 · 과학 학습 진단 학년 선택 방법

----- **YES**
----- **NO**

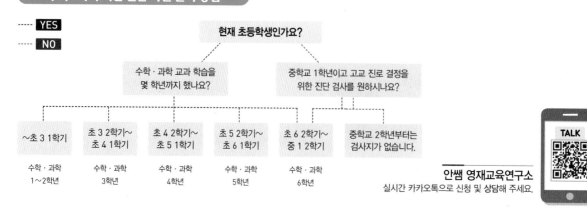

현재 초등학생인가요?

수학 · 과학 교과 학습을
몇 학년까지 했나요?

중학교 1학년이고 고교 진로 결정을
위한 진단 검사를 원하시나요?

~초 3 1학기	초 3 2학기~ 초 4 1학기	초 4 2학기~ 초 5 1학기	초 5 2학기~ 초 6 1학기	초 6 2학기~ 중 1 2학기	중학교 2학년부터는 검사지가 없습니다.
수학 · 과학 1~2학년	수학 · 과학 3학년	수학 · 과학 4학년	수학 · 과학 5학년	수학 · 과학 6학년	

TALK

안쌤 영재교육연구소
실시간 카카오톡으로 신청 및 상담해 주세요.

이 책의 구성과 특징

창의사고력 실력다지기 100제

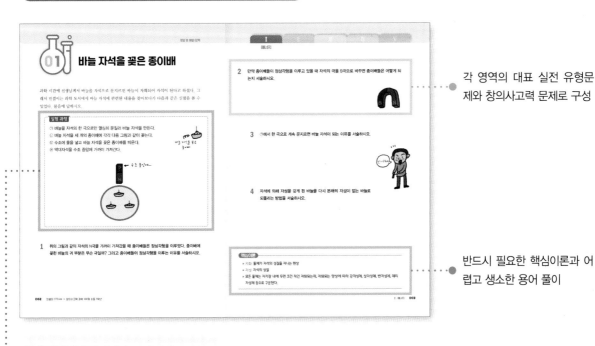

각 영역의 대표 실전 유형문제와 창의사고력 문제로 구성

반드시 필요한 핵심이론과 어렵고 생소한 용어 풀이

실생활에서 접할 수 있는 이야기, 실험, 신문기사 등을 이용해 흥미 유발

영재성검사 창의적 문제해결력 기출문제

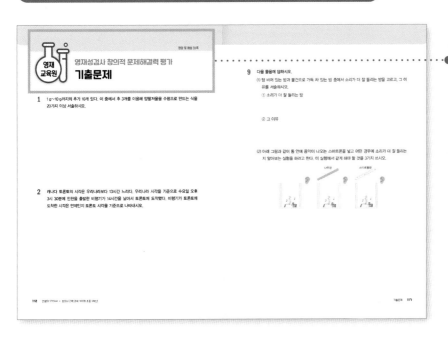

- 교육청·대학·과학고 부설 영재교육원 영재성검사, 창의적 문제해결력 평가 최신 기출문제 수록
- 영재교육원 선발 시험의 문제 유형과 출제 경향 예측

이 책의 차례

창의사고력 실력다지기 100제

에너지

바늘 자석을 꽂은 종이배

과학 시간에 선생님께서 바늘을 자석으로 문지르면 바늘이 자화되어 자석이 된다고 하셨다. 그래서 민결이는 과학 도서에서 바늘 자석에 관련된 내용을 찾아보다가 다음과 같은 실험을 볼 수 있었다. 물음에 답하시오.

실험 과정

㉠ 바늘을 자석의 한 극으로만 열심히 문질러 바늘 자석을 만든다.

㉡ 바늘 자석을 세 개의 종이배에 각각 다음 그림과 같이 꽂는다.

㉢ 수조에 물을 넣고 바늘 자석을 꽂은 종이배를 띄운다.

㉣ 막대자석을 수조 중앙에 가까이 가져간다.

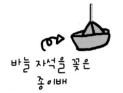

바늘 자석을 꽂은
종이배

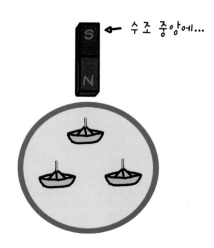

1 위의 그림과 같이 자석의 N극을 가까이 가져갔을 때 종이배들은 정삼각형을 이루었다. 종이배에 꽂힌 바늘의 귀 부분은 무슨 극일까? 그리고 종이배들이 정삼각형을 이루는 이유를 서술하시오.

2 만약 종이배들이 정삼각형을 이루고 있을 때 자석의 극을 S극으로 바꾸면 종이배들은 어떻게 되는지 서술하시오.

3 ㉠에서 한 극으로 계속 문지르면 바늘 자석이 되는 이유를 서술하시오.

4 자석에 의해 자성을 갖게 된 바늘을 다시 본래의 자성이 없는 바늘로 되돌리는 방법을 서술하시오.

핵심이론

▶ 자화: 물체가 자석의 성질을 지니는 현상
▶ 자성: 자석의 성질
▶ 모든 물체는 자기장 내에 두면 크건 작건 자화되는데, 자화되는 양상에 따라 강자성체, 상자성체, 반자성체, 페리자성체 등으로 구분된다.

02 자석으로 문지른 못의 변화

그림 (가)는 종이 아래 막대자석을 놓은 후 철가루를 뿌린 모습을 나타낸 것이고, 그림 (나)는 못의 머리 부분 A를 N극에 문지른 다음 실에 매단 것이다. 물음에 답하시오.

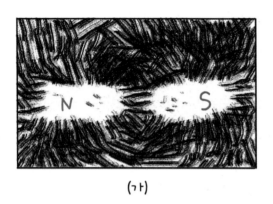

(가)

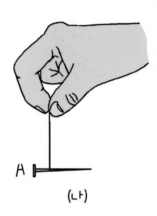

(나)

1 그림 (나)의 A를 ㉮ 위치에 가져갔을 때 못은 어떻게 되는지 서술하시오.

2   문제 1과 같이 되는 이유를 서술하시오.

3   N극이 아닌 S극으로 못의 머리 부분 A를 문지르고 문제 1과 같이 자석에 못을 가져가면 못은 어떻게 되는지 서술하시오.

4   쇠로 된 못이 아닌 플라스틱 못으로 왼쪽과 같은 실험을 하면 어떤 결과가 나오는지 서술하시오.

핵심이론

▶ 자석: 자성을 지닌 물체이며 자연적으로는 자철석 등 일부 광석에서 발견된다.

03 자석의 힘과 쇠구슬의 질량 관계

은후는 물체의 질량에 따라 외부의 힘에 영향을 많이 받는지, 적게 받는지 알아보기 위해 다음과 같은 실험을 설계했다. 물음에 답하시오.

준비물

넓은 판지, 흰 종이, 책 10권, 10 g 쇠구슬, 50 g 쇠구슬, 먹지, N극과 S극을 구별할 수 없는 막대자석

실험 과정

㉠ 넓은 판지에 흰 종이를 붙이고 판지 윗부분에 2 cm에 선을 긋는다.

㉡ 책을 10권 쌓아놓고 흰 종이를 붙인 넓은 판지를 바닥과 책에 걸쳐 올려놓는다.

㉢ 10 g 쇠구슬과 50 g 쇠구슬에 먹지를 이용해 표면을 까맣게 칠한다.

㉣ 막대자석을 판지 옆에 놓는다.

㉤ 10 g 쇠구슬을 판지 윗부분에서 놓아 아래로 굴린다.

㉥ 50 g 쇠구슬을 판지 윗부분에서 놓아 아래로 굴린다.

㉦ 10 g 쇠구슬과 50 g 쇠구슬이 굴러 내린 자국을 비교한다.

---

1 10 g 쇠구슬과 50 g 쇠구슬이 굴러 내린 자국을 그림으로 나타내고, 이유를 서술하시오.

〈10 g 쇠구슬〉　　　　〈50 g 쇠구슬〉

2 10 g 쇠구슬과 50 g 쇠구슬을 똑같이 굴렸을 때 어떤 구슬이 더 빨리 내려오는지 서술하시오.

3 자석의 극에 따라 쇠구슬의 움직임이 변하는지 알아 보기 위해 N극과 S극을 알지 못하는 막대 자석의 극을 알아보려고 한다. 다음 주어진 재료를 가지고 막대자석의 극을 알 수 있는 방법을 1가지 서술하시오.

> **재료**
>
> N극과 S극을 알 수 있는 막대자석, 나침반, 수조, 물, 종이, 못, 실

4 ㉣에서 막대자석의 N극이 쇠구슬 쪽을 향하도록 실험을 하고, 다시 막대자석의 S극이 쇠구슬 쪽을 향하도록 실험을 했다. 이때 두 실험의 결과를 비교하시오.

핵심이론

▶ 질량: 물체가 가지는 고유한 값으로, 단위로는 g, kg 등을 쓴다.
▶ 질량을 측정할 때는 양팔저울이나 윗접시저울을 사용한다.

자석을 이용한 축구 놀이

재한이는 자석의 성질을 이용하여 다음과 같은 축구놀이를 만들어 보았다. 물음에 답하시오

ㄱ 두꺼운 종이 위에 축구 경기장을 그려 넣고 경기장에는 하프라인, 골라인, 골대를 설치한다.

ㄴ 도화지에 축구 선수를 그린 후 오려내고 아랫부분을 접어 압정을 붙인다.

ㄷ 스티로폼으로 공을 만든다.

ㄹ 나무젓가락 끝에 동전 자석을 붙여 조종 막대를 만든다.

ㅁ 조종 막대를 두꺼운 종이에 접촉시키지 않고 경기장 아래쪽에서 축구 선수들을 움직이면서 공을 몰아 골대에 넣는 경기를 한다.

ㅂ 두꺼운 종이 대신 유리판, 플라스틱판, 얇은 나무판, 철판 위에 축구 경기장을 그려 넣고 각각 축구놀이를 한다.

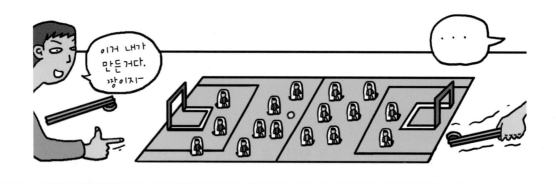

1 축구놀이는 어떤 원리를 이용한 것인지 서술하시오.

2 ㉃에서 두꺼운 종이 대신 유리판, 플라스틱판, 얇은 나무판, 철판을 사용했을 때 축구놀이를 할 수 없었던 경우는 언제인지 쓰고, 그 이유를 서술하시오.

3 문제 2와 같은 현상을 알아볼 수 있는 실험 장치를 생각하여 그림으로 그리고, 실험 방법을 서술 하시오.

핵심이론

▶ 자기력: 자극(磁極) 사이에 작용하는 힘, 즉 자석과 같이 자성을 가진 물체가 서로 밀거나 당기는 힘으로 자력(磁力)이라고도 한다.

▶ 자석에 붙는 물질은 자석의 자기력을 흡수하고, 자석에 붙지 않는 물질은 자석의 자기력이 통과한다.

빨대를 감자에 잘 꽂는 방법

태훈이는 실험 (가)와 (나)의 과정을 통해 빨대를 감자에 꽂는 실험을 하려고 한다. 물음에 답하시오.

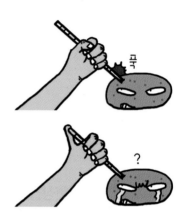

실험 (가)

㉠ 가늘고 곧은 빨대를 준비한다.

㉡ 빨대의 꼭대기를 막지 않고 감자에 꽂는다.

실험 (나)

㉢ 가늘고 곧은 빨대를 준비한다.

㉣ 빨대의 꼭대기를 손가락으로 막고 감자에 꽂는다.

1 실험 (가)와 (나) 중 어느 쪽 빨대가 감자에 더 잘 꽂히는지 고르시오.

2 문제 1과 같이 생각한 이유를 서술하시오.

핵심이론

▶ 빨대의 꼭대기를 손가락으로 막으면 빨대 안의 공기를 잡아둘 수 있으므로 공기의 압력을 이용하여 빨대를 강하게 해 줄 수 있다.

셀로판테이프를 붙인 풍선

서윤이는 고무풍선을 가지고 놀다가 뾰족한 것에 의해 풍선이 터지는 것을 보고, 여러 가지 의문이 생겼다. 그래서 고무풍선 2개와 셀로판테이프, 바늘을 준비하고 다음과 같은 실험을 설계했다. 물음에 답하시오.

실험 과정

㉠ 풍선 2개에 공기를 넣어 적당한 크기일 때 입구를 묶는다.
㉡ 한 풍선에 셀로판테이프를 1 cm 정도 잘라서 몇 개 붙인다.
㉢ 다른 한 풍선에는 셀로판테이프를 붙이지 않는다.
㉣ 셀로판테이프를 붙이지 않은 풍선을 바늘로 찌른다.
㉤ 셀로판테이프를 붙인 풍선에서 셀로판테이프를 붙인 곳을 바늘로 찌른다.

1 ㉣에서 셀로판테이프를 붙이지 않은 풍선은 어떻게 되는지 서술하시오.

2 문제 1과 같이 생각한 이유를 기압과 탄성의 단어를 사용하여 서술하시오.

3   ⓜ에서 셀로판테이프를 붙인 풍선은 어떻게 되는지 서술하시오.

4   문제 3과 같이 생각한 이유를 기압과 탄성의 단어를 사용하여 서술하시오.

핵심이론

▶ 기압: 공기가 사방에서 누르는 힘

▶ 탄성: 모양이 변한 물체가 다시 본래의 모습으로 돌아가려는 성질

07 물질에 따라 달라지는 소리의 빠르기

소리는 공기와 같은 기체, 물과 같은 액체, 딱딱한 금속이나 나무 등과 같은 고체를 통해서 전달된다. 다음 표는 여러 가지 물질에서 소리가 전달되는 빠르기를 나타낸 것이다. 물음에 답하시오.

소리를 전달하는 물질	이산화 탄소 (20 ℃)	공기 (0 ℃)	공기 (20 ℃)	물 (0 ℃)	물 (20 ℃)	바닷물 (20 ℃)	구리 (20 ℃)
1초 동안 전달되는 거리(m)	258	331	343	1402	1461	1490	3560

1 위의 표에 있는 내용을 서로 비교해서 알아낼 수 있는 사실을 4가지 서술하시오.

(단, 이산화 탄소는 공기보다 무겁고 바닷물은 물보다 무겁다.)

• 사실 1:

• 사실 2:

• 사실 3:

• 사실 4:

2 헬륨 가스는 하늘에서 비행선을 띄울 때 사용하고, 놀이동산에서 파는 풍선에도 사용한다. 또한, 헬륨 가스를 마시고 말을 하는 장면을 본 적이 있을 것이다. 정상적인 목소리를 내다가도 이 가스를 마시기만 하면 녹음기를 빠르게 틀어 놓은 것처럼 이상하게 들린다. 아무리 목소리가 예쁘고 멋있어도 일단 헬륨 가스를 마시기만 하면 웃음이 터질 만큼 우스꽝스러운 목소리로 변하고 만다. 헬륨 가스를 마시면 왜 목소리가 변하는지 문제 1에서 알아낸 사실들을 이용하여 서술하시오. (단, 헬륨 가스는 공기보다 가볍다.)

핵심이론

▶ 소리: 물체의 진동에 의하여 생긴 음파가 귀청을 울리어 귀에 들리는 것

▶ 소리는 매질이 없으면, 즉 진공에서는 전달되지 않는다.

08 리코더로 알아보는 소리의 높낮이

은철이는 리코더를 연주하다가 구멍을 막는 위치에 따라 소리가 다르게 나는 것을 알았다. 은철이가 호기심이 생겨 그림과 같이 물을 채운 유리병을 이용하여 리코더의 소리가 다르게 나는 이유를 알아보기로 하고, 유리병을 두드리는 방법과 바람을 불어 넣는 방법으로 소리를 내어 보았다. 물음에 답하시오.

1 리코더의 소리는 '(가) 유리병을 두드려 소리를 내는 것'과 '(나) 병 입구에 바람을 불어 넣어 소리를 내는 것' 중 어느 경우에 해당하는지 고르시오.

2 리코더를 연주할 때 소리의 높낮이가 달라지는 것을 확인하려면 유리병에 어떤 변화를 주어야 하는지 서술하시오.

3 문제 2와 같이 변화시킨 이유를 리코더의 연주 방법에 따른 소리의 변화와 비교하여 서술하시오.

4 기타에는 여러 종류의 줄이 있어 다양한 음을 낸다. 기타 줄 중에서 두꺼운 줄과 얇은 줄은 주로 각각 어떤 음을 내는지 쓰고, 그 이유를 서술하시오.

• 두꺼운 줄:

• 얇은 줄:

• 이유:

핵심이론

▶ 리코더: 플루트의 한 종류인 목관 악기로, 세로로 불며 부드럽고 밝은 음색을 지닌다.
▶ 소리의 크고 작음은 진폭에 의해, 소리의 높고 낮음은 진동수에 의해 결정된다.

09 종소리를 들을 수 있는 이유

수영이는 소리가 어떻게 전달되는지 알아보기 위해 다음과 같은 실험을 했다. 물음에 답하시오.

실험 1

㉠ 고무마개의 중앙에 작은 구멍을 뚫고 삼각플라스크에 들어갈 수 있는 크기의 종을 철사로 매단 후 고무마개의 구멍을 고무찰흙으로 막는다.

㉡ 플라스크를 종이 달린 고무마개로 막고 흔들면서 소리를 들어본다.

실험 2

㉢ 플라스크에 물을 조금 넣고 가열한 다음 물이 끓으면 종이 달린 고무마개로 재빨리 막는다.

㉣ 플라스크가 식으면 플라스크를 흔들면서 종소리가 들리는지 확인한다.

1 ㉡에서 종소리는 어떻게 들리는가? 종소리가 수영이의 귀에 들리기까지의 과정을 서술하시오.

2 ⓒ과 같이 가열하면 플라스크 안은 어떻게 되겠는가? 그 이유를 서술하시오.

3 ⓔ에서 종소리는 어떻게 들리는가? 그 이유를 서술하시오.

10 삶은 달걀과 날달걀의 차이

똑순이는 삶은 달걀과 날달걀을 갖고 다음과 같은 실험을 했다. 물음에 답하시오.

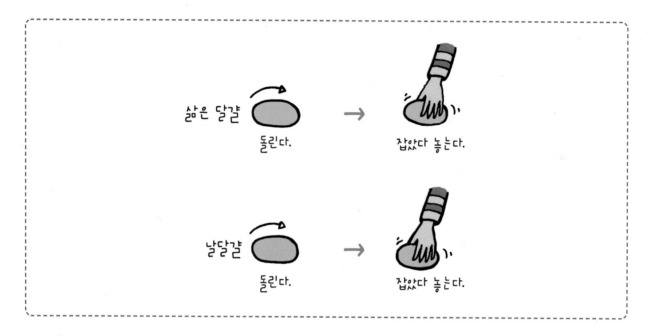

1 두 달걀 중 더 잘 돌아가는 것을 고르고, 그 이유를 서술하시오.

2 돌고 있는 두 달걀을 동시에 잡았다놓으면 각각 어떻게 되는지 서술하시오.

▶ 관성: 멈춰 있는 물질은 멈춰 있으려 하고 움직이는 물체는 계속 움직이려 하는 성질

▶ 달걀은 대체로 노른자위, 흰자위, 껍데기로 이루어져 있다. 껍데기는 주로 탄산칼슘으로 이루어져 있으며 바깥으로부터 산소를 받아들여 안에서 호흡한 뒤 다시 바깥으로 이산화 탄소를 내보낼 수 있게 되어 있다. 껍데기의 안쪽에는 얇은 세포막이 자리 잡고 있으며, 노른자위는 알끈에 의해 알의 중심이 고정된다.

II

물질

11 참기름 장수의 기술 원리

옛날이야기 중 참기름 장수의 이야기가 있다. 이 참기름 장수는 참기름을 따르는 기술이 매우 대단해서 아주 높은 탑의 창문으로 땅바닥에 놓여 있는 호리병을 보지도 않고 참기름을 실낱같이 가늘게 늘어뜨려 한 치의 오차도 없이 호리병에 있는 조그마한 구멍으로 참기름을 붓는다고 한다. 물음에 답하시오.

1 만약 참기름 장수가 이 기술을 사용해 물을 창문 밖으로 부었다면 어떻게 되었을지 서술하시오.

2 문제 1과 같이 생각한 이유를 서술하시오.

3 옆에서 지켜보던 꿀 장수와 술 장수가 참기름 장수에게 도전장을 내밀었다. 참기름 장수를 이길 가능성이 있는 장수는 누구인지 쓰고, 그렇게 생각한 이유를 서술하시오.

핵심이론

▶ 참기름: 참깨로 짠 기름
▶ 호리병: 호리병박 모양으로 생긴 병으로 가운데 부분이 홀쭉하다.

12 네 가지 물질 이름 맞추기

은영이는 4개의 패트리 접시에 소금, 탄산수소 나트륨, 녹말가루, 설탕을 넣은 후, 순서를 섞고 다음과 같이 패트리 접시에 A~D 표시를 했다. 은영이 친구 지훈이는 각 패트리 접시에 있는 물질을 알아보기 위해 실험을 했다. 다음은 지훈이가 한 실험 결과이다. 물음에 답하시오.

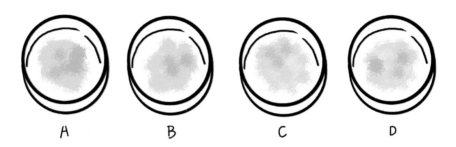

실험 결과

㉠ A와 B는 물에 녹아 투명해졌다.

㉡ A를 가열했더니 탁탁 소리를 내며 튀었다

㉢ B를 가열하여 녹인 후 D를 넣었더니 색이 변하면서 부풀어 올랐다.

㉣ C에 물을 조금 넣고 섞은 후 손바닥으로 두드렸더니 단단해졌고, 아이오딘 용액을 넣었더니 색이 변했다.

1 패트리 접시 A~D에 있는 물질의 이름을 쓰시오.

· A:

· B:

· C:

· D:

2 ⓒ에서 B를 녹인 후 D를 넣으면 부풀어 오르는 이유를 서술하시오.

3 ㉠에서 물에 녹아 있는 A와 B를 다시 고체로 만들 수 있는 방법을 각각 서술하시오.

- A:

- B:

핵심이론

▶ 녹말가루: 감자, 고구마, 물에 불린 녹두 등을 갈아서 가라앉힌 앙금을 말린 가루

▶ 아이오딘: 광택이 있는 어두운 갈색 결정으로 승화하기 쉬우며, 기체는 자주색을 띠고 독성이 있다. 바닷말에 많이 들어 있으며 의약품이나 화학 공업에 널리 쓴다. 원소 기호는 I이다.

13 액체에 구슬이 빨리 가라앉은 이유

다운이와 우연이는 같은 크기의 유리컵 3개에 각각 같은 부피의 물, 알코올, 식용유를 넣고 같은 크기의 구슬을 동시에 그 안에 떨어뜨렸다. 물음에 답하시오.

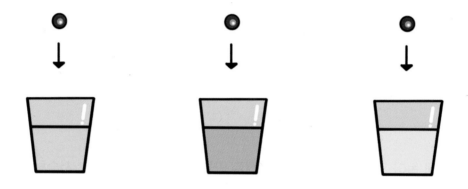

1 구슬이 빨리 가라앉는 순서대로 나열하고, 그렇게 생각한 이유를 서술하시오.

2 왼쪽 실험에서 물, 알코올, 식용유의 무게를 같게 하여 넣었다면 유리컵에 들어가는 세 액체의 부피는 같지 않으므로 구슬이 가라앉는 순서를 정확하게 비교할 수 없다. 세 액체의 무게를 같게 하면 부피가 다른 이유를 서술하시오.

3 물, 알코올, 식용유를 각각 1 mL씩 스포이트에 넣고 유리판 위에 떨어뜨렸더니 유리판 위에서 방울의 퍼짐이 다르게 나타났다. 예상되는 방울의 퍼짐 정도를 다음 원 위에 각각 그리고, 그렇게 예상한 이유를 서술하시오.

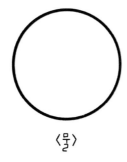
〈물〉

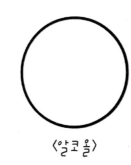
〈알코올〉

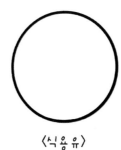
〈식용유〉

핵심이론

▸ 식용유: 음식을 만드는 데 사용하는 기름으로, 15 ℃에서 완전한 액체가 된다.

▸ 알코올: 독성이 낮으며 물질을 녹이는 성질이 뛰어나기 때문에 약품이나 향수 등의 용매로 쓰인다. 에탄올은 술의 주요 성분이기도 하다.

흰색의 네 가지 가루를 구분하는 방법

수민이는 빵을 만들기 위해 슈퍼마켓에서 밀가루, 베이킹파우더, 설탕, 소금을 샀다. 집에 와서 보니 봉투에 이름을 써넣지 않아서 구별할 수가 없었다. 가루 A와 B의 물질의 이름을 알아보기 위하여 실험을 했더니 다음과 같은 결과가 나왔다. 물음에 답하시오.

(단, 한 봉지에는 한 종류의 가루만 들어 있다.)

구분	가루 A	가루 B
눈으로 보았을 때	흰색	흰색
만져 보았을 때	부드러움	꺼칠꺼칠함
물에 녹이기	물에 녹지 않고 물의 윗부분이 약간 뿌옇게 흐려짐	물에 잘 녹음
식초	거품이 남	변화 없음

1 위의 실험 결과로 볼 때, 가루 A로 예상되는 물질을 모두 쓰시오.

2 위의 실험 결과로 볼 때 가루 B로 예상되는 물질을 모두 쓰시오.

3 문제 2에서 예상되는 물질들을 각각 정확하게 구분하려고 할 때, 적당한 실험을 2가지 서술하시오.

▶ 베이킹파우더: 빵, 과자 등을 구울 때 재료에 첨가하여 부풀게 하는 데 쓰는 가루

▶ 실험 시 미각을 사용하면 위험할 수 있으므로 사용하지 않는다.

15 다이어트 콜라 캔이 물 위에 뜨는 이유

콜라를 좋아하는 연우는 가족과 함께 공원에 놀러갔다가 신기한 장면을 봤다. 매점에서 차가운 물에 콜라 캔을 담가놓고 파는데, 일반 콜라 캔은 물에 가라앉아 있고 다이어트 콜라 캔은 다음 그림과 같이 물 위에 떠 있었다. 물음에 답하시오.

1 일반 콜라 캔과 다이어트 콜라 캔은 어떤 차이점이 있는지 서술하시오.

2 일반 콜라 캔은 물에 가라앉고 다이어트 콜라 캔은 물 위에 떠 있는 이유를 서술하시오.

3 만약 일반 콜라 캔과 다이어트 콜라 캔을 북극에 가져간다면 둘 중 하나가 먼저 터진다고 한다. 어떤 콜라 캔이 먼저 터지는지 고르고, 그 이유를 서술하시오.

핵심이론

▶ 다이어트: 체중을 줄이거나 건강의 증진을 위하여 제한된 식사를 하는 것
▶ 일반 콜라와 다이어트 콜라 내부에 포함된 물질에 따라 밀도가 달라진다.

16 우리 눈에 보이지 않는 공기

학교 수업 시간에 선생님께서 우리 눈에는 보이지 않지만 공기는 우리에게 소중하다고 말씀하셨다. 선생님 말씀을 듣던 연우는 '공기는 왜 우리 눈에 보이지 않을까?'라는 의문이 생겨 선생님께 질문을 했다. 선생님께서는 공기 안에는 질소, 산소, 이산화 탄소, 아르곤 등 여러 가지 기체가 섞여 있는데, 이러한 기체들은 모두 우리 눈에 보이지 않는 기체들이기 때문이라고 설명해 주셨다. 물음에 답하시오.

1 연우는 선생님의 설명을 듣고, 공기가 우리 눈에 보이지 않는다는 것을 알게 되었다. 하지만 연기는 우리 눈에 보인다. 그 이유를 서술하시오.

2 공기는 냄새가 나지 않는다. 공기를 구성하고 있는 기체들이 어떤 냄새도 나지 않기 때문이다. 냄새는 눈에 보이지 않지만 느껴진다. 그 이유를 서술하시오.

17 유리병 입구에 놓은 삶은 달걀

선생님께서 재미있는 과학 실험을 하기 위해 학생들에게 삶은 달걀을 준비해 오라고 하셨다. 과학 실험 시간이 되자, 학생들은 준비해 온 삶은 달걀을 가지고 실험실로 가서 모둠별로 앉았다. 모둠별 탁자 위에는 다음과 같은 실험 재료들이 있고, 수업이 시작되자 선생님께서 칠판에 실험 과정을 적으셨다. 물음에 답하시오.

실험 재료

입구가 달걀보다 약간 작은 유리병, 알코올램프, 삼발이, 수조, 얼음

실험 과정

㉠ 삼발이 위에 유리병을 올려놓고, 알코올램프로 가열한다.
㉡ 5분 정도 가열한 후 유리병을 조심스럽게 바닥에 내려놓는다.
㉢ 삶은 달걀의 껍데기를 벗긴 후 유리병 입구 위에 올려놓는다.
㉣ 유리병을 미지근한 물이 담긴 수조에 조심스럽게 담근다.
㉤ 수조의 물에 얼음을 집어넣는다.

실험 과정을 잘 읽어 보세요.

---

1 ㉡에서 유리병 안의 공기는 어떻게 되는지 서술하시오.

2 ㉢에서 시간이 지나면 유리병 위의 삶은 달걀은 어떻게 되는지 서술하시오.

3 ㉣, ㉤과 같이 유리병을 미지근한 물이 담긴 수조에 조심스럽게 담근 후 수조의 물에 얼음을 집어넣는다. 이렇게 하는 이유를 서술하시오.

삶은 달걀의
껍데기를 벗기고~

핵심이론

▸ 공기는 열을 가하면 가벼워져서 위로 올라가는 성질이 있다.

▸ 삼발이: 불 위에 올려놓기 위한 둥근 쇠 테두리에 발이 세 개 달린 기구

18 어떤 모양의 얼음이 가장 빨리 녹을까?

진우는 과학 도서를 읽다가 '얼음이 어떻게 하면 빨리 녹을까?'라는 의문이 생겼다. 물음에 답하시오.

  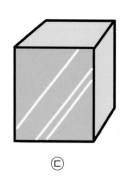 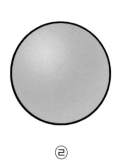

ㄱ   ㄴ   ㄷ   ㄹ

1 위의 그림과 같이 질량이 같고 모양이 다른 얼음 덩어리가 4개 있다. 이 얼음 덩어리 4개를 상온에 놓으면 어느 것이 가장 빨리 녹겠는가? 빨리 녹는 순서대로 나열하시오.

2 문제 1과 같이 생각한 이유를 서술하시오.

3   물은 무중력 상태에서 어떤 모양을 하고 있을까? 문제 2의 이유를 이용해 서술하시오.

무중력 상태 ➡

핵심이론

▸ 상온: 열을 가하거나 냉각하지 않은 자연 그대로의 기온으로, 보통 15 ℃를 가리킨다.

▸ 무중력: 마치 중력이 없는 것처럼 느껴지는 현상이다. 지구 위에서 정지하고 있는 물체는 중력을 받지만 지구 주위를 돌고 있는 인공위성 등의 내부에서는 중력이 구심력 역할을 하므로 무중력 상태가 된다.

설탕으로 솜사탕을 만드는 방법

놀이동산에 놀러간 우현이는 솜사탕을 만드는 기계를 보고 '솜사탕은 어떻게 만들어질까?'라는 의문이 생겼다. 그래서 솜사탕을 만드는 기계의 구조를 찾아보니 다음과 같았다. 물음에 답하시오.

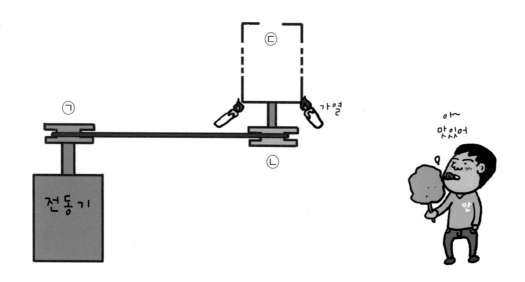

1 우현이는 놀이공원에서 솜사탕 아저씨가 솜사탕을 어떻게 만드는지 순서를 관찰했다. 먼저 위의 그림의 ⓒ부분에 설탕을 넣고 전동기를 작동시켜 ⑴을 중심으로 ⓛ을 돌렸다. 그리고 ⓒ의 옆구멍으로 나오는 것을 나무젓가락으로 돌돌 말아서 모으니 맛있는 솜사탕이 되었다. 여기서 ⓒ에 넣은 설탕의 상태(고체, 액체, 기체) 변화를 차례대로 나열하시오.

2 　솜사탕을 만드는 과정에서 물리적인 원리(작용하는 힘)가 어떻게 이용되는지 서술하시오.

3 　솜사탕을 만드는 과정에서 화학적인 원리(상태 변화)가 어떻게 이용되는지 서술하시오.

핵심이론

▶ 솜사탕: 설탕으로 만든 과자의 하나로, 설탕을 불에 녹인 후 빙빙 돌아가는 기계의 작은 구멍으로 밀어내면 바깥 공기에 닿아서 섬유 모양으로 굳어지는데, 이것을 막대기에 감아 솜모양으로 만든다.

▶ 물리적: 물질의 원리에 기초한 또는 그런 것

▶ 화학적: 화학 현상의 특징을 띠거나 화학 현상과 관련된 또는 그런 것

20 눈싸움 하기 좋은 함박눈의 특징은?

같은 눈이라도 싸락눈은 잘 뭉쳐지지 않고, 뭉쳐지더라도 쉽게 부서진다. 반면 함박눈은 싸락눈에 비해 잘 뭉쳐지고, 쉽게 부서지지도 않는다. 그래서 싸락눈보다는 함박눈이 왔을 때 눈싸움을 하기 좋다. 물음에 답하시오.

1 싸락눈은 잘 뭉쳐지지 않고, 함박눈은 잘 뭉쳐지는 이유는 무엇인지 서술하시오.

2 눈싸움을 할 때 양지에 있는 눈과 음지에 있는 눈 중에서 어느 눈을 사용하는 게 좋을지 고르고, 그 이유를 서술하시오.

3 만약 북극에 있는 에스키모들이 눈싸움을 하려고 눈을 뭉친다면 눈이 잘 뭉쳐지겠는가? 그 이유를 서술하시오.

핵심이론

▶ 싸락눈: 지름 2~5 mm의 작은 공 모양 또는 원뿔형 모양의 결정을 하고 있는 눈으로 불안정한 대기층 속에서 내린다. 싸락눈은 비교적 물러서 손끝으로 누르면 부서진다.

▶ 함박눈은 포근한 날에 잘 내리며, 눈송이가 크다.

▶ 양지: 햇볕이 바로 드는 곳

▶ 음지: 햇볕이 잘 들지 않는 그늘진 곳

안쌤의
STEAM
+ 창의사고력
과학 100제

Ⅲ

생명

21 메추리알의 부화에 미치는 제초제의 영향

재원이는 메추리알의 부화에 미치는 제초제의 영향을 알아보기 위해서 다음과 같이 실험 목적에 따른 실험 방법을 만들었다. 물음에 답하시오.

실험 방법

㉠ 수정된 메추리알을 30개 준비한 후 알을 10개씩 세 그룹으로 나눈다.

㉡ 한 그룹(A군)은 송곳으로 알을 뚫은 후 알코올에 용해시킨 제초제를 주입하고 왁스로 주입구를 막는다.

㉢ 다른 한 그룹(B군)은 알에 구멍만을 내고 아무것도 주입하지 않은 채 왁스로 막는다.

㉣ 마지막 한 그룹(C군)에는 아무런 처리를 하지 않는다.

㉤ 모든 알들을 동일한 조건의 부화기에 넣어 부화시켜 부화율을 비교한다.

1 위의 실험 방법은 재원이의 실험 목적에 맞지 않는다고 한다. 그 이유를 서술하시오.

2 왼쪽의 실험 방법을 실험 목적에 맞게 보완하는 방법을 서술하시오.

3 B군과 C군의 부화율을 비교하여 알 수 있는 사실은 무엇인지 서술하시오.

핵심이론

▶ 제초제: 농작물을 해치지 않고 잡초만을 없애는 약

▶ 부화: 동물의 알 속에서 새끼가 껍질을 깨고 밖으로 나옴 또는 그렇게 되게 함

▶ 부화기: 닭이나 오리 등의 가금의 알을 인공적으로 부화하는 기계

▶ 왁스: 마루나 가구, 자동차 등에 광택을 내는 데 쓰는 약

22 물고기가 육상에서 생활하려면?

은후는 과학 도서를 통해 물속에서 생활하던 올챙이가 자라면 개구리가 된다는 것을 알게 되자
은후는 여러 가지 의문이 생겼다. 물음에 답하시오.

1 올챙이는 땅 위에서 생활할 수 없지만 개구리는 땅 위에서 생활이 가능하다. 올챙이에서 개구리
로 변화하면서 무엇이 변했기 때문에 가능한지 2가지 서술하시오.

2 만약 오랜 세월이 지나 현재 물속에서 사는 물고기가 육상에서 생활이 가능하게 된다면 물고기의 어떤 것들이 어떻게 변해야 가능한지 3가지 서술하시오.

핵심이론

▶ 올챙이는 물속에서만 생활을 할 수 있지만, 개구리가 되면 땅 위와 물속 모두에서 생활이 가능하다.
▶ 물속에서 생활하는 동물은 보통 아가미 호흡을 하고, 땅 위에서 생활하는 동물은 보통 폐호흡을 한다.

23 식료품점에서 파는 유정란도 병아리가 될까?

닭이 낳은 달걀은 무정란과 유정란으로 구분할 수 있다. 무정란은 암탉이 품어도 병아리가 되지 않는 달걀이고, 유정란은 암탉이 품어서 병아리가 되는 달걀이다. 물음에 답하시오.

1 무정란과 다르게 유정란은 왜 병아리가 되는지 서술하시오.

2   보통 식료품점에서 파는 달걀은 무정란이다. 그런데 닭이 품어서 병아리가 되는 달걀인 유정란
　　도 식료품점에서 판다. 식료품점에서 파는 유정란을 사서 암탉에게 품게 하면 병아리가 되겠는
　　가? 그 이유를 서술하시오.

3   달걀에는 흰자위, 노른자위와 노른자위에 붙어 있는 배가 있다. 병아리가 되는 부분은 노른자위
　　에 붙어 있는 배이다. 흰자위와 노른자위는 어떤 역할을 하는지 서술하시오.

핵심이론

▶ 무정란은 수정하지 않은 난자의 상태여서 병아리가 부화하지 못한다. 유정란은 암탉과 수탉이 짝짓기를 해서 낳은
　알이므로 부화의 조건만 맞으면 병아리가 태어난다.

24 개구리가 추운 겨울을 나는 전략

동물도감을 읽고 있던 승현이는 '겨울 동안 보이지 않던 개구리를 비롯한 많은 동물들이 어디서 어떻게 지내다가 어느 순간 모습을 드러내는 것일까?'라는 의문이 생겼다. 물음에 답하시오.

1 개구리는 겨울잠을 자는 동안 아무것도 먹지 않는데 굶어 죽지 않고 어떻게 살아남을 수 있는지 그 이유를 서술하시오.

2 겨울잠을 자는 동물들이 겨울을 나는 전략은 다양하다. 뱀이나 곰이 굴에 들어가 추위를 피하는 것도 그중 하나이다. 개구리가 추위를 피해 겨울잠을 자는 장소를 쓰고, 그 이유를 서술하시오.

3 개구리와 비슷하게 생긴 두꺼비도 겨울잠을 자는 동물이다. 두꺼비가 추위를 피해 겨울잠을 자는 장소를 쓰고, 그 이유를 서술하시오.

동면...
내겐 너무나 달콤한 겨울잠~

핵심이론

▶ 동물도감: 한 나라나 또는 개별적 지역에 사는 동물의 분포, 분류, 형태, 생태 또는 경제적 의의 등 모든 연구 자료를 집대성하여 종별로 써 놓은 책

▶ 겨울잠(동면): 비교적 먹이가 없는 겨울에 동물이 활동을 중단하고 땅속이나 물속 등에서 겨울을 보내는 것을 말한다.

25 중생대에 가장 번성했던 파충류

악어는 중생대에 가장 번성했던 파충류로, 작은 포유류조차 살 수 없는 척박한 환경에서 다른 동물들이 멸종되거나 진화되는 과정에도 형태가 거의 변하지 않고 지금까지 살아남아 '살아있는 화석'이라고도 불린다. 악어는 야행성 동물로 낮에는 일광욕을 위해 물속에서 나와 무리를 이루어 쉬며, 밤에는 얕은 물속에 몸을 담그고 있다가 물을 마시러 오는 동물을 잡아먹곤 한다. 물음에 답하시오.

1 악어가 낮에는 물속에서 나와 일광욕을 하는 이유를 서술하시오.

2   악어는 과거 중생대에 번성하여 지금까지 살아남아 있다. 이 거대한 악어가 먹이인 작은 포유류
조차 살 수 없는 척박한 환경에서도 살아남을 수 있었던 이유를 서술하시오.

핵심이론

▸ 중생대: 대략 2억 5,100만 년 전부터 6,550만 년 전까지를 말하며, 크게 트라이아스기, 쥐라기, 백악기로 나뉜다.

▸ 포유류: 젖먹이 짐승을 말하며, 뇌에서 체온과 혈액순환을 조절하는 온혈동물이다.

26 화석으로 알아보는 시조새의 특징

혜미는 시조새에 관련된 신문 기사를 읽고 시조새가 조류의 한 종류일 것이라 생각했다. 다음은 혜미가 읽은 신문 기사 중 일부이다. 물음에 답하시오.

1861년 독일의 한 채석장에서 비둘기 크기만 한 깃털 동물이 거의 완벽하게 보존된 골격 화석으로 발견되었다. 그 골격은 사지를 쭉 뻗고 날개를 활짝 편 자세였으며, 몸 둘레에는 깃털 자국이 선명했다. 불끈 솟은 긴 꼬리뼈는 깃털로 덮여 있었으며, 깃털에 덮인 날개의 세 발가락에는 발톱이 달려 있었다. 입은 길게 나온 부리 모양이고, 턱뼈에는 이빨이 나 있었다. 가슴뼈의 크기나 형태로 보아 여기에 붙어 있는 근육은 매우 작았을 것이다.

---

1 혜미는 '시조새는 조류의 특징을 많이 가지고 있어 조류로 분류해도 되겠다.'라 생각했다. 혜미가 그렇게 생각한 이유를 위의 신문 기사 내용을 이용하여 서술하시오.

2 혜미는 신문 기사를 읽고 우리 주변에서 흔히 볼 수 있는 조류와는 달리 '시조새는 모이주머니나 모래주머니가 없고, 장시간 비행도 불가능했을 것이다.'라 생각했다. 혜미가 이렇게 생각한 이유를 왼쪽 신문 기사 내용을 이용하여 서술하시오.

핵심이론

▶ 채석장: 건축에 쓸 돌을 채굴하는 장소

▶ 조류: 날개가 있는 척추동물을 가리킨다. 입은 부리로 되어 손을 대신하는 구실을 하며, 온몸이 깃털로 덮인 온혈동물이다. 알을 낳으며, 뼛속은 공기로 채워 있어 가볍다. 특히 시력이 발달되었다.

27 모기의 유충인 장구벌레가 호흡하는 방법

혜미는 시화호 근처에 사시는 할아버지 댁에 가게 되었다. 할아버지께서 사시는 곳은 예전에는 갯벌이었으나, 간척사업으로 방조제를 쌓고 바닷물을 막아 지금은 거대한 호수로 바뀌었다고 한다. 예전에는 마을 앞 갯벌에 다양한 생물이 살고 있는 평화로운 마을이었지만, 지금은 물이 고인 호수에서 썩은 냄새가 진동을 하고, 모기떼가 극성을 부려 더 이상 사람이 살 수 없는 마을이 되었다며 할아버지께서 슬퍼하셨다. 물음에 답하시오.

1 바닷물을 막아 거대한 호수가 된 시화호는 3년 만에 더 이상 생물이 살 수 없는 죽음의 호수로 바뀌었다. 그 이유를 서술하시오.

2 물속에 사는 다른 생물은 모두 죽었지만 썩어가는 호수에서도 모기떼가 살아남을 수 있었다. 모기의 유충인 장구벌레의 호흡방법에서 추리하여 그 이유를 서술하시오.

핵심이론

▶ 갯벌: 밀물, 썰물로 운반되는 모래나 점토의 미세입자가 파도가 잔잔한 해역에 오랫동안 쌓여 생기는 평탄한 지형

▶ 간척사업: 강이나 바다를 막아 땅으로 만드는 사업

비가 오면 지렁이가 땅 위로 올라오는 이유

연우와 재우는 비가 많이 오는 오후에 화단 옆을 지나가다 지렁이 몇 마리가 아스팔트 위에서 비를 맞고 있는 모습을 보았다. 그 모습을 본 재우는 비가 이렇게 많이 오는데 지렁이가 땅 위로 올라온 이유가 궁금해졌다. 언젠가 지렁이가 축축한 환경을 좋아한다는 말을 들은 연우는 "지렁이는 물을 좋아해서 비를 맞으려고 땅 위로 올라온 거야."라고 재우에게 설명해 주었다.

1 비가 많이 오는 날 지렁이가 땅 위로 올라오는 이유에 대한 연우의 설명은 옳은가? 그 이유를 서술하시오.

2 비가 많이 온 후 날씨가 맑아 밖으로 나온 연우와 재우는 아스팔트 위에서 지렁이가 말라죽어 있는 것을 볼 수 있었다. 땅속에서 나온 지렁이가 말라죽은 이유를 서술하시오.

핵심이론

▸ 지렁이는 피부에 작은 구멍을 가지고 있어 피부로 산소를 받아 호흡을 한다.

▸ 축축하다: 물기가 있어 젖은 듯하다.

29 벌새가 정지 비행을 하는 이유

벌새는 1초에 50~80번 정도의 엄청난 속도로 날갯짓을 하기 때문에 벌새가 날 때면 항상 윙윙하는 소리가 들린다. 이런 이유로 벌새를 영어로는 'Hummingbird(윙윙대는 새)'라 부른다. 물음에 답하시오.

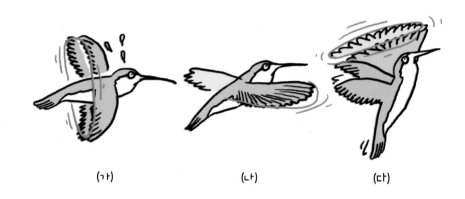

(가)   (나)   (다)

1 벌새는 특수한 비행 기술을 갖고 있다. 위쪽 또는 뒤쪽으로도 날 수 있으며, 이보다도 더 훌륭한 기술은 꽃에서 꿀을 빠는 동안 공중 한 곳에 정지한 채 날개를 퍼덕이고 있을 수 있다는 것이다. 이것은 벌새가 다른 새에게서 볼 수 없는 날개 구조를 가지고 있기 때문이다. 위의 그림 (가)~(다)는 각각 어떤 비행을 할 때의 날개 모양인지 쓰시오.

2 　벌새는 꽃의 꿀을 먹을 때 공중에 떠서 정지 비행을 할 수 있다. 이 능력으로 인해 꿀을 먹을 때 어떤 점이 유리한지 서술하시오.

핵심이론

▶ 벌새는 전진 비행, 정지 비행, 후진 비행을 할 수 있다.

▶ 벌새는 벌과 같이 꽃의 꿀을 빨지만 벌보다 무거워서 꽃에 앉아서 꿀을 빨지 못한다.

30 벌집은 왜 정육각형 모양일까?

정현이는 잘려진 벌집의 단면이 다음 그림과 같은 정육각형 모양으로 만들어진 것을 보고 여러 가지 의문이 생겼다. 물음에 답하시오.

1 벌은 벌집을 왜 정육각형 모양으로 만들까? 만약 벌집을 원 모양으로 만든다면 정육각형 모양과 비교해서 어떤 점이 비효율적인지 서술하시오.

2 만약 벌집을 정삼각형 모양, 정사각형 모양으로 만든다면 어떤 점이 비효율적인지 각각 서술하시오.

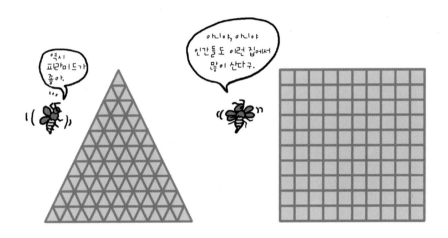

핵심이론

▶ 단면: 물체의 잘라낸 면
▶ 피라미드: 돌이나 벽돌을 쌓아 만든 사각뿔 모양의 거대한 건조물로, 기원전 2700년에서 기원전 2500년 사이에 이집트, 수단, 에티오피아, 라틴 아메리카 등지에서 만들어졌으며, 주로 왕이나 왕족의 무덤으로 이용되었다.

지구

IV

31 바람이 부는 이유

맑은 가을 하늘에 연을 날리러 한강에 간 규현이는 연을 날리다가 문득 '바람은 어떻게 불까?' 라는 의문이 생겼다. 그래서 규현이는 의문을 해결하기 위해 다음과 같은 실험을 설계했다. 물음에 답하시오.

실험 과정

㉠ 비커나 투명한 그릇에 물을 넣는다.

㉡ 다음 그림과 같이 그릇의 한쪽 구석을 가열한다.

㉢ 잠시 후 가열하지 않은 쪽에 잉크를 스포이트로 약간 떨어뜨려 물의 움직임을 관찰한다.

㉣ 물의 움직임을 지표면에서의 공기의 움직임과 관련지어 생각해 본다.

1 ㉢에서 물의 움직임은 어떤 모습으로 관찰되는지 서술하시오.

2 문제 1과 같이 물이 움직이는 이유를 서술하시오.

3 물을 바다라 생각한다면 가열되는 부분은 지구의 어느 부분이라고 할 수 있는지 쓰시오.

4 ㉣에서 물의 움직임을 공기의 움직임과 관련지어 생각해 본다면 공기는 어떻게 움직인다고 할 수 있을까? 그 이유를 기압의 단어를 이용하여 서술하시오.

32 등산할 때 동서남북 방향을 찾는 방법

민호는 가족과 함께 등산을 하다가 길을 잃었다. 동서남북 방향을 찾기 위해 다음과 같은 여러 가지 방법을 가족들에게 제안했다. 물음에 답하시오.

㉠ 별자리의 위치를 알아본다.
㉡ 바람이 부는 방향을 알아본다.
㉢ 시냇물이 흐르는 방향을 알아본다.
㉣ 구름이 움직이는 방향을 알아본다.
㉤ 식물의 꽃이나 잎의 방향을 알아본다.
㉥ 나무 아래쪽이나 바위의 이끼 낀 방향을 알아본다.

1 위의 방법에서 동서남북을 찾을 수 있는 것을 고르고, 그 이유를 서술하시오.

2 왼쪽 방법에서 동서남북을 찾을 수 없는 것을 고르고, 그 이유를 서술하시오.

핵심이론

▸ 별자리: 별의 위치를 정하기 위하여 밝은 별을 중심으로 천구(天球)를 몇 부분으로 나눈 것

▸ 방위: 공간의 어떤 점이나 방향이 한 기준의 방향에 대하여 나타내는 어떠한 쪽의 위치로, 동서남북의 네 방향을 기준으로 하여 8, 16, 32방향으로 세분한다.

33 바다에 기름이 유출되면 일어나는 현상

과학 실험을 좋아하는 승현이는 다음과 같은 방법으로 실험을 했다. 물음에 답하시오.

실험 방법

㉠ 은박접시에 바닥을 덮을 정도로 물을 붓는다.

㉡ 스포이트를 이용하여 은박접시의 물 위에 식용유 20방울을 조심스럽게 떨어뜨린다.

㉢ 물 위에 떨어진 식용유의 크기를 자로 잰다.

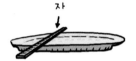

㉣ 5분을 기다린 후에 식용유의 크기를 자로 잰다.

㉤ 빨대를 이용하여 식용유 위에 바람을 불어본다.

㉥ 은박접시를 흔들어 작은 물결을 일으킨다.

1 ㉣, ㉤, ㉥에서 식용유는 각각 어떻게 되는지 서술하시오.

2 실제 바다에 기름이 유출되었을 때 기름이 빠르게 퍼지도록 도와주는 것은 어떤 것들이 있는지 쓰시오. (단, 왼쪽 실험을 통해 알 수 있는 사실만 쓴다.)

3 바다에 기름이 유출되면 어떤 현상이 일어나겠는가? 일어나는 현상과 그 이유를 2가지 서술하시오.

핵심이론

▸ 유출: 밖으로 흘러 나가거나 흘려 내보냄
▸ 바다에 기름이 유출되면 다양한 해양생물에 영향을 끼친다.

34 물 부족을 해결할 수 있는 방법

우리나라의 연평균 강수량은 1,274 mm로 세계 평균인 973 mm보다 많지만 국토가 좁고 인구가 많아서 1인당 연강수량은 22,096 m^{3}의 12.5% 정도에 불과하다. 국제인구행동연구소의 발표에 의하면 우리나라가 활용 가능한 수자원량은 630억 m^{3}이고, 이를 국민 1인당으로 환산하면 1,452 m^{3}이므로 물 부족 국가에 해당한다. 물음에 답하시오.

1 물 부족 국가에서 물 부족을 해결할 수 있는 방안을 5가지 서술하시오.

2 우리나라는 삼면이 바다로 둘러싸여 있지만 바닷물을 식수로 사용하여 물 부족을 해결할 수는 없다고 한다. 바닷물을 마시면 어떻게 되는지 서술하시오.

핵심이론

▶ 강수량: 지면에 떨어진 강수의 양을 말하며 비, 눈, 우박 등을 모두 포함한 양을 나타낸다.

▶ 물 기근 국가군에 속하는 나라(매년 1,000 m³ 미만)가 20개국, 물 부족 국가군(매년 1,700 m³ 미만)에 해당하는 나라는 8개국이다.

35 강의 하류에서 상류로 쉽게 이동하는 방법

희원이는 지형이 변하면 흐르는 물에는 어떤 변화가 생기는지 알아보기 위해 다음 그림과 같이 물이 흐르고 있는 곳을 찾아 물줄기의 반만 가리도록 돌을 놓았다. 물음에 답하시오.

1 희원이가 돌을 놓은 후 물줄기는 어떻게 변하는지 위의 그림을 이용하여 그 변화를 그리시오. 또, 그 이유를 서술하시오.

2 만약 흐르는 물의 양을 더 많게 하고 물의 속도를 더 빠르게 변화시켜 준다면 물줄기는 어떻게 변하는지 쓰고, 그 이유를 서술하시오.

3 다음 그림과 같이 위에서 아래로 물이 흐르고 있는 강에 작은 배가 하류에서 상류로 거슬러 올라가려고 한다. 배가 어떻게 움직이면 좀 더 쉽게 이동할 수 있는지 그 배의 경로를 다음 그림에 그리고, 그 이유를 서술하시오.

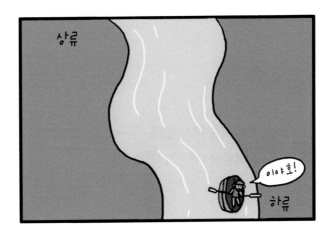

핵심이론

▶ 물은 상류에서 하류로 흐른다.
▶ 물줄기에 의해 땅의 모양이 깎이고 쌓여 오랜 시간이 지나면 지형이 변화한다.

36 시간이 지날수록 꼬불꼬불한 냇물은?

다음은 헌태가 꼬불꼬불한 냇물을 건너가면서 물의 깊이에 대한 느낌을 적은 글이다. 물음에 답하시오.

"처음엔 아주 얕은 곳이었어. 안으로 들어갈수록 조금씩 깊어지더라. 거의 다 건너가서는 물이 목까지 왔어. 건너는 곳 중에서 가장 깊었어. 거기를 넘으니 바로 냇물을 벗어날 수 있었어."

1 헌태는 위의 그림과 같은 꼬불꼬불한 냇물을 ㉠~㉣ 중 어느 위치에서 건너간 것인지 가능한 경우를 모두 고르시오. 또, 그 이유를 서술하시오.

2 꼬불꼬불한 냇물은 시간이 지날수록 어떤 모양으로 변해 가는지 서술하시오.

핵심이론

▸ 휘어진 부분의 바깥쪽은 물의 흐름이 빠르고 안쪽은 물의 흐름이 느리다.

▸ 꼬불꼬불: 이리저리 고부라진 모양

▸ 우각호: 구불구불한 하천의 일부가 본래의 하천에서 분리되어 생긴 초승달 또는 쇠뿔 모양의 호수

37 강의 상류와 하류의 돌의 모양이 다른 이유

예빈이는 여름에 계곡에 놀러가서 래프팅을 했다. 강의 상류에서 보트를 타고 강의 하류로 내려오면서 여러 가지 의문이 생겼다. 물음에 답하시오.

1 예빈이는 강의 상류에서 하류로 내려갈 때 강의 폭과 경사, 물의 양과 빠르기가 달라지는 것을 느꼈다. 강의 상류와 하류는 강의 폭과 경사, 물의 양과 빠르기가 어떻게 다른지 서술하시오.

2 강의 상류에서 본 돌의 모양과 강의 하류에서 본 돌의 모양이 달랐다. 강의 상류와 하류의 돌의 모양은 어떻게 다른지 서술하시오.

3 강의 상류와 하류의 돌의 모양이 다르게 나타나는 이유를 서술하시오.

핵심이론

▸ 래프팅: 고무로 만든 배를 타고 노를 저으며 골짜기와 강의 급류를 타는 레포츠를 말한다.
▸ 경사: 기울어진 정도를 말한다.

38 물에 운동장의 흙과 화단의 흙을 넣으면?

아영이는 운동장의 흙과 화단의 흙을 비교하기 위해 운동장의 흙과 화단의 흙을 수집했다. 그 다음 아영이는 물이 들어 있는 컵 2개에 각각 운동장의 흙과 화단의 흙을 넣었더니, 다음 그림과 같이 컵 2개에서 다른 모습을 관찰할 수 있었다. 물음에 답하시오.

1 아영이가 운동장의 흙과 화단의 흙을 비교하기 위해 위와 같은 실험을 할 때, 같게 해 주어야 할 것을 3가지 쓰시오.

2 그림 (가), (나)의 컵에 넣은 흙은 각각 어떤 흙인지 쓰고, 그 이유를 서술하시오.

3 그림 (나)의 컵에서 물에 떠 있는 물질은 식물에게 어떤 도움을 주는지 서술하시오.

핵심이론

▶ 흙: 암석이나 동식물의 유해가 오랜 기간 침식과 풍화를 거쳐 생성된 땅을 구성하는 물질이다.

▶ 자갈은 지름이 2 mm 이상인 알갱이를 말하며, 모래는 $\frac{1}{16}$~2 mm까지를 말하고, 진흙은 $\frac{1}{16}$ mm 이하로 본다.

IV. 지구　**083**

진흙, 모래, 자갈의 특성을 알아보는 실험

자원이는 진흙, 모래, 자갈의 특성을 알아보기 위해 다음과 같은 실험을 했다. 물음에 답하시오.

준비물

밑에 구멍이 있는 화분 3개, 비커 3개, 진흙, 모래, 자갈, 물

실험 방법

㉠ 수분이 없는 진흙, 모래, 자갈을 각각 화분에 담는다.

㉡ 3개의 화분을 다음 그림과 같이 비커 위에 올려놓는다.

㉢ 3개의 화분에 각각 물 100 mL씩을 붓는다.

㉣ 10분 후 각 비커에 담긴 물의 양을 비교한다.

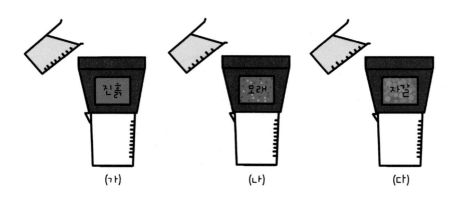

1 위의 실험 결과 비커에 담긴 물의 양이 가장 많은 것을 고르시오.

2 왼쪽의 실험 결과 비커에 담긴 물의 양이 서로 다른 이유를 서술하시오.

주 ㄹ ㄹ

핵심이론

▸ 자갈의 알갱이가 가장 크고, 진흙의 알갱이가 가장 작다.

▸ 알갱이의 크기에 따라 물의 부착력이 커지기도 하고 작아지기도 한다.

▸ 부착력: 서로 다른 두 물질 분자 사이의 끌어당기는 힘

40 다른 조건의 페트병 중 온도가 가장 높은 것은?

재모는 그림과 같이 6개의 투명한 페트병을 이용하여 서로 다른 조건의 실험 장치를 꾸민 후, 전등 아래에서 시간에 따른 각 페트병 내부의 온도 변화를 관찰했다. 물음에 답하시오.

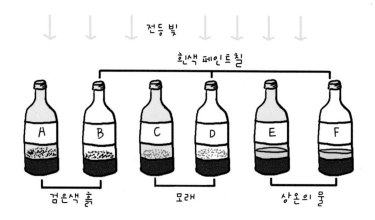

1 일정 시간 후 페트병 내부 온도를 측정했을 때, 페트병 A∼F 중 가장 온도가 높은 것과 가장 낮은 것을 각각 쓰시오.

2 문제 1과 같이 판단한 이유를 구체적인 변인 3가지를 이용해 서술하시오.

▶ 페트병: 음료를 담는 일회용 병으로, 폴리에틸렌을 원료로 하여 만들며 가볍고 깨지지 않는 특성이 있다.

▶ 흰색은 모든 색의 빛을 반사하고, 검은색은 모든 색의 빛을 흡수한다.

안쌤의
STEAM
+ 창의사고력
과학 100제

융합

박쥐가 어두운 동굴을 잘 날아다니는 이유

혜영이는 동물백과를 읽다가 박쥐는 어두운 동굴에서도 장애물에 부딪히지 않고 잘 날아다닌다는 것을 알았다. '어두운 동굴에서는 잘 보이지 않을 것 같은데, 박쥐는 어떻게 장애물에 부딪히지 않고 잘 날아다닐 수 있을까?'란 의문이 생긴 혜영이는 여러 가지 가설과 그 가설을 확인하기 위한 실험 방법을 찾아보았다. 물음에 답하시오.

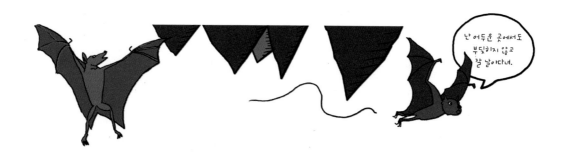

1 다음은 첫 번째 가설과 그에 따른 실험 방법이다. 실험 방법의 타당성을 판단하고, 그 이유를 서술하시오.

- 첫 번째 가설: 박쥐는 적외선을 이용해 장애물을 인식할 것이다.
- 실험 방법: 박쥐의 머리를 천으로 묶고 장애물을 피할 수 있는지 관찰한다.

2 다음은 두 번째 가설과 그에 따른 실험 방법이다. 실험 방법의 타당성을 판단하고, 그 이유를 서술하시오.

- 두 번째 가설: 박쥐는 초음파를 이용해 장애물을 인식할 것이다.
- 실험 방법: 교란용 초음파가 발생되는 방 안에서 박쥐가 장애물을 피할 수 있는지 관찰한다.

3 다음은 세 번째 가설과 그에 따른 실험 방법이다. 실험 방법의 타당성을 판단하고, 그 이유를 서술하시오.

> • 세 번째 가설: 박쥐는 자외선을 이용해 장애물을 인식할 것이다.
>
> • 실험 방법: 햇빛을 차단한 방에 박쥐를 가두고 장애물을 피할 수 있는지 관찰한다.

4 다음은 네 번째 가설과 그에 따른 실험 방법이다. 실험 방법의 타당성을 판단하고, 그 이유를 서술하시오.

> • 네 번째 가설: 박쥐는 눈 이외의 기관을 이용해 장애물을 인식할 것이다.
>
> • 실험 방법: 박쥐의 눈을 가리고 장애물을 피할 수 있는지 관찰한다.

5 다음은 다섯 번째 가설과 그에 따른 실험 방법이다. 실험 방법의 타당성을 판단하고, 그 이유를 서술하시오.

> • 다섯 번째 가설: 박쥐는 어떤 신호를 발사하고 장애물에 반사되는 신호를 귀로 받아들여 인식할 것이다.
>
> • 실험 방법: 박쥐의 귀를 가리고 장애물을 피할 수 있는지 관찰한다.

핵심이론

▶ 초음파: 인간이 들을 수 있는 가청 최대 한계 범위를 넘어서는 주파수를 갖는 소리를 의미한다. 들을 수 있는 한곗값이 사람마다 다르지만, 건강한 젊은 사람의 경우 이 값은 약 25 kHZ(25,000 HZ)이다.

42 승용차 안쪽 유리창에 김이 서리는 이유

주석이는 가족과 함께 비오는 날 승용차를 타고 친척 집에 놀러가고 있었다. 그런데 승용차 안쪽 유리창에 김(성에)이 서렸다. 물음에 답하시오.

1 주석이는 '승용차 안쪽 유리창에 왜 김이 서릴까?'라는 의문이 생겼다. 김이 서리는 이유를 서술하시오.

2 주석이의 아버지는 승용차 안쪽 유리창에 김이 서리지 않게 하기 위해서 샴푸액이나 비누액을 바르면 김이 잘 서리지 않는다고 말씀하셨다. 그 이유를 서술하시오.

3 잠시 후 주석이 아버지는 뜨거운 바람으로 승용차 안쪽 유리창에 서린 김을 없애셨다. 어떤 원리로 김을 없앤 것인지 서술하시오.

핵심이론

▸ 성에: 기온이 영하일 때 유리나 벽 등에 수증기가 허옇게 얼어붙은 서릿발
▸ 김: 수증기가 찬 기운을 받아서 엉긴 아주 작은 물방울의 집합체
▸ 서리다: 수증기가 찬 기운을 받아 물방울을 지어 엉기다.

43 식당에서 구멍 뚫린 얼음을 사용하는 이유

상구는 패스트푸드점에서 사용하는 구멍 뚫린 얼음 (가)와 팥빙수 파는 곳에서 사용하는 얼음 (나)를 보고 여러 가지 의문이 생겼다. 물음에 답하시오.

(가) (나)

1 상구는 두 얼음 덩어리 중에서 어떤 것이 더 빨리 녹을지 의문이 생겼다. 어떤 얼음이 더 빨리 녹는지 고르시오.

2 문제 1과 같이 생각한 이유를 서술하시오.

3 상구는 문제 2와 같은 이유로 식당이나 패스트푸드점에서 주로 구멍 뚫린 얼음을 많이 사용한다는 것을 알았다. 그 이유를 서술하시오.

핵심이론

▶ 패스트푸드: 주문하면 즉시 완성되어 나오는 식품을 통틀어 이르는 말로, 햄버거, 프라이드 치킨 등을 이른다.

▶ 팥빙수: 얼음을 갈아 삶은 팥을 넣어 만든 빙과류

44 물과 수은의 성질이 다른 이유

수영이는 물과 수은의 성질을 설명하는 과학 도서를 읽었다. 다음 그림과 같이 유리컵에 물과 수은을 넣은 후 가느다란 유리관을 꽂아 놓자 그림 (가)와 같이 물은 가느다란 유리관의 가장자리 부분보다 조금 올라가 있었고, 그림 (나)와 같이 수은은 가느다란 유리관의 가장자리 부분보다 조금 내려가 있었다. 물음에 답하시오.

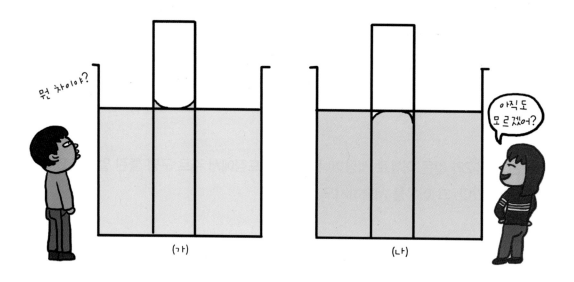

1 과학 도서에는 물과 수은은 분자끼리 붙어 있으려는 응집력과 유리와 붙어 있으려는 부착력이 작용한다고 적혀 있었다. 가느다란 유리관의 가장자리 부분에서 물이 조금 올라가 있는 이유를 응집력과 부착력을 이용하여 서술하시오.

2 수은이 물과 다르게 가장자리 부분보다 조금 내려가 있는 이유를 응집력과 부착력을 이용하여 서술하시오.

3 만약 물을 유리컵의 표면까지 채운 후 물을 조금씩 넣으면 물이 가득 찬 유리컵의 표면은 어떤 모양이 되는지 그 이유와 함께 서술하시오.

핵심이론

▶ 수은: 상온에서 유일하게 액체 상태로 있는 은백색의 금속 원소

▶ 부착력: 서로 다른 두 물질 분자 사이의 끌어 당기는 힘

▶ 응집력: 원자, 분자 또는 이온 사이에 작용하여 고체나 액체 등의 물체를 이루게 하는 인력을 통틀어 이르는 말로, 응집력 때문에 물체는 일정한 부피와 무게를 갖는다.

45 동물이 자신을 보호하는 방법

한솔이는 재미있는 과학 실험 교재를 보다가 종이에 그린 새가 사라지는 실험을 하려고 한다. 물음에 답하시오.

실험 과정

㉠ 흰 도화지에 노란 물감으로 새를 그린다.

㉡ 노란 새의 그림 위에 노란 셀로판지를 덮는다.

㉢ 흰 도화지에 그린 새의 그림을 관찰한다.

1 위의 실험 과정 ㉢에서 새의 그림을 관찰하면 새가 잘 보이지 않는다. 그 이유를 서술하시오.

2 왼쪽 실험과 같은 현상을 이용하여 자신을 보호하는 것을 무엇이라고 하는지 쓰시오.

3 왼쪽 실험과 같은 방법으로 자신을 보호하는 동물의 예를 쓰시오.

핵심이론

▶ 빨간색 셀로판지를 통해 하늘을 보면 세상이 온통 빨간색이고, 노란색 셀로판지로 보면 세상이 모두 노랗게 보인다.

▶ 도화지: 그림을 그리는 데 쓰는 종이

▶ 보호색: 다른 동물의 공격을 피하고 자신의 몸을 보호하기 위하여 다른 동물의 눈에 띄지 않도록 주위와 비슷하게 되어 있는 몸의 색깔

46 알에 껍데기가 있는 것과 없는 것의 차이

태훈이는 과학 도서를 보다가 다음과 같은 여러 동물의 알들을 보고 껍데기가 있는 것과 없는 것의 차이점에 대한 의문이 생겼다. 물음에 답하시오.

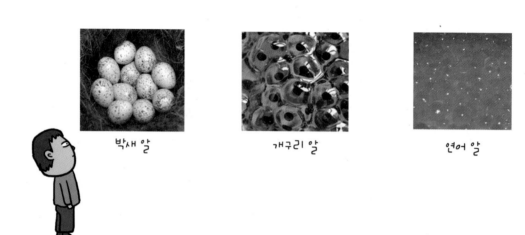

박새 알   개구리 알   연어 알

1 보통 어류와 양서류 등은 알에 껍데기가 없지만, 파충류와 조류는 알에 껍데기가 있다. 껍데기를 제외하고 이 둘의 가장 큰 차이점은 무엇인지 서술하시오.

2 태훈이는 '껍데기가 있는 알에서 껍데기의 역할은 무엇일까?'라는 의문이 생겼다. 그 역할을 서술하시오.

▶ 양서류: 어류와 파충류의 중간으로 땅 위 또는 물속에서 산다.

▶ 파충류: 지질시대의 공룡을 비롯하여 현재 지구상에 살고 있는 옛도마뱀, 거북이, 악어, 도마뱀, 뱀류 등이 속해 있는 동물군을 말한다.

▶ 조류: 앞다리는 날개로 변형되어 비상 생활에 적응되었고, 입은 부리로 되어 손을 대신하는 구실을 하며, 온몸이 깃털로 덮인 온혈 동물이다.

47 파리들이 병 속에서 날아다니면 저울의 눈금은?

영운이는 유리병 안에 한 떼의 파리를 넣고, '파리들이 날아다니면 저울의 눈금이 어떻게 될까?'라는 의문이 생겼다. 물음에 답하시오.

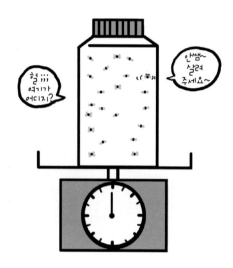

1 영운이는 병 속의 파리들을 관찰하면서 다음과 같이 파리들이 움직일 때 저울의 눈금을 관찰했다. 어떻게 할 때 저울의 눈금이 최대로 올라가는지 고르시오.

㉠ 병 바닥에 앉아 있을 때   ㉡ 병 안을 날아다닐 때

㉢ 병 옆에 붙어 있을 때

2 문제 1과 같이 생각한 이유를 서술하시오.

핵심이론

▶ 파리가 병 안에서 어떤 형태로 있든지 병 전체의 질량은 변하지 않는다.

▶ 파리가 날갯짓을 할 때 공기의 움직임이 있다.

48 터널 안에서는 노란색 전구를 사용하는 이유

수영이는 가족과 함께 겨울 바다를 보러 여행을 떠났다. 자가용을 타고 고속도로를 이용하여 이동하던 중 터널 통과 시 터널 안 전구의 색이 노란색인 것을 보았다. 이것을 본 수영이는 '터널 안에서는 왜 실내에서 사용하는 무색 전구를 사용하지 않고, 노란색 전구를 사용할까?'라는 의문이 생겼다. 물음에 답하시오.

1 무색 전구를 사용하는 곳과 터널 내부의 차이점을 2가지 쓰시오.

2 터널 안에 무색 전구가 아닌 노란색 전구를 사용하는 이유를 2가지 서술하시오.

3 노란색의 특징을 이용한 예를 주변에서 2가지 찾아 그 이유와 함께 서술하시오.

핵심이론

▸ 노란색 불빛은 어두운 곳에서 무색 불빛보다 더 잘 퍼지는 성질이 있다.

▸ 터널: 산, 바다, 강 등의 밑을 뚫어 만든 철도나 도로 따위의 통로

물고기가 어떻게 물의 압력을 견딜까?

수영장에 간 태훈이는 물속에서 잠수하다가 물이 누르는 힘을 느꼈다. 이것에 대해 궁금증이 생긴 태훈이는 집으로 돌아와 물이 누르는 힘에 대한 설명이 있는 과학 도서를 찾아보니 다음과 같은 내용이 있었다. 물음에 답하시오.

물이 누르는 힘을 물의 압력 혹은 수압이라 한다. 물의 압력은 물의 깊이가 깊어질수록 커지고 우리가 상상하는 것 이상으로 강한 힘을 가지고 있다. 그래서 물이 누르는 힘에 의해서 사람이 죽을 수도 있으며, 잠수함도 보통 300~800 m 정도밖에 잠수하지 못한다. 그런데 물고기는 그보다 훨씬 깊은 곳에서도 살고 있다.

1 물고기가 어떻게 물의 압력을 견디는지 그 이유와 함께 서술하시오.

2 깡통을 물속 깊은 곳에 넣으면 수압에 의해 찌그러진다. 깡통이 찌그러지지 않게 하기 위한 방법을 쓰고, 그 이유를 서술하시오.

핵심이론

▶ 압력: 단위 면적당 내려 누르는 힘이다.

▶ 수압: 물의 압력

▶ 잠수함: 물속에 잠기기도 하고 물 위로 떠다닐 수도 있는 군함의 한 가지

50 물이 쏟아지지 않는 손수건 마술

호섭이는 친구들에게 보여줄 재미있는 마술을 다음과 같이 계획했다. 물음에 답하시오.

준비물

물, 유리병, 고무줄, 손수건

마술 과정

㉠ 유리병의 입구에 손수건을 대고 고무줄로 고정시킨다.

㉡ 손수건을 통하여 유리병에 물을 가득 채운다.

㉢ 싱크대 위에서 유리병을 조심스럽게 뒤집으면 물이 쏟아지지 않는다.

1 ㉡에서는 손수건을 통해 물이 유리병 안으로 들어갔는데, ㉢에서는 물이 손수건을 통해 나오지 않았다. 그 이유를 서술하시오.

2 ©에서 유리병을 조심스럽게 뒤집은 상태에서 위아래로 흔들면 물이 손수건을 통해 흘러나온다. 그 이유를 서술하시오.

핵심이론

▶ 표면장력: 액체의 표면이 스스로 수축하여 가능한 한 작은 면적을 취하려는 힘으로, 바닥에 물방울을 보면 넓게 퍼진 것이 아니라 둥근 모습을 하는 것을 말한다.

▶ 대기압: 공기의 무게에 의한 대기의 누르는 힘

영재성검사 창의적 문제해결력 평가

기출문제

기출문제

1 1 g~10 g까지의 추가 10개 있다. 이 중에서 추 3개를 이용해 양팔저울을 수평으로 만드는 식을 20가지 서술하시오.

2 캐나다 토론토의 시각은 우리나라보다 13시간 느리다. 우리나라 시각을 기준으로 수요일 오후 3시 30분에 인천을 출발한 비행기가 14시간을 날아서 토론토에 도착했다. 비행기가 토론토에 도착한 시각은 언제인지 토론토 시각을 기준으로 나타내시오.

3 한 번 사용하는 데 사용료가 1000원인 양팔저울이 있다. 동전이 26개 있는데 이 중 하나는 가짜 동전으로 조금 가볍다고 한다. 양팔저울을 이용해 가짜 동전을 찾으려고 할 때, 최소한 얼마의 돈이 필요한지 서술하시오.

4 다음 〈가〉, 〈나〉, 〈다〉에 들어갈 내용을 구하시오. (단, 사용된 수는 1~30까지의 수이다.)

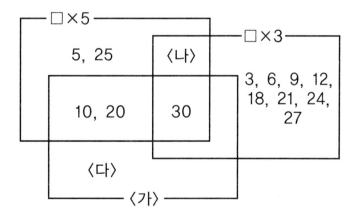

5 다음과 같이 8개의 수가 쓰여 있고, 그 사이에 점선이 그어져 있는 종이 띠가 있다.

4	1	2	8	5	6	3	7

종이 띠를 4번 잘라서 나온 다섯 개의 수를 모두 더했을 때, 가장 큰 값과 가장 작은 값을 구하시오.

6 다음은 어느 해의 12월 달력이다. 물음에 답하시오.

일	월	화	수	목	금	토
	1	2	3	4	5	6
7	8	9	10	11	12	13
14	15	16	17	18	19	20
21	22	23	24	25	26	27
28	29	30	31			

(1) 첫 번째 토요일에서 6주 전 수요일과 6주 후 수요일의 날짜를 더한 값을 구하시오.

(2) 위의 달력에서 색칠한 것과 같은 모양으로 5칸을 선택한 뒤 그 수를 모두 더했더니 115가 되었다. 선택한 5칸의 수를 작은 수부터 차례대로 쓰시오.

7 〈보기〉 모양의 판이 있다. 주어진 도형 (가)와 (나)를 최소한으로 사용해 판을 빈틈없이 덮는 방법을 나타내시오.

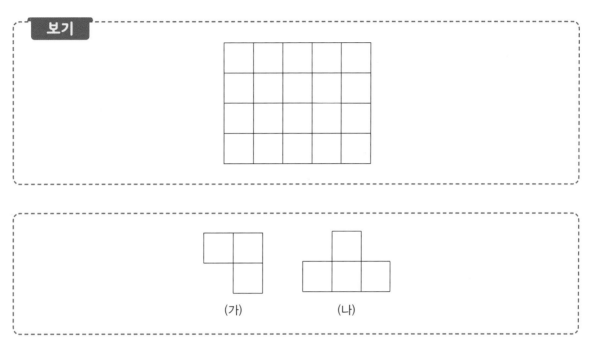

8 코끼리의 주요 서식지는 기온이 높고 풀과 나무가 잘 자라는 곳이다. 만약 추운 북극지방에서 코끼리가 살아왔다면 어떤 모습일지 이유와 함께 5가지 서술하시오.

9 다음 물음에 답하시오.

(1) 텅 비어 있는 방과 물건으로 가득 차 있는 방 중에서 소리가 더 잘 들리는 방을 고르고, 그 이유를 서술하시오.

① 소리가 더 잘 들리는 방

② 그 이유

(2) 아래 그림과 같이 통 안에 음악이 나오는 스마트폰을 넣고 어떤 경우에 소리가 더 잘 들리는지 알아보는 실험을 하려고 한다. 이 실험에서 같게 해야 할 것을 3가지 쓰시오.

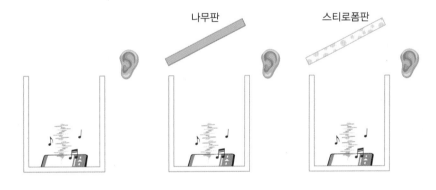

10 다음 〈가〉, 〈나〉와 같은 두 가지 형태의 세계 지도가 있다. 물음에 답하시오.

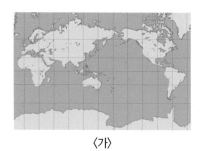

〈가〉

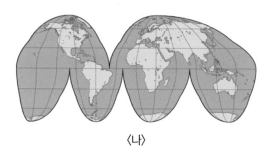

〈나〉

(1) 바다와 육지의 면적을 비교할 때 사용해야 할 지도를 고르고, 그 이유를 서술하시오.

　　① 사용해야 할 지도

　　② 그 이유

(2) 바다와 육지의 넓이를 비교할 수 있는 방법을 3가지 서술하시오.

11 초식 동물은 육식 동물에게 잡아먹힐 수 있어서 빨리 먹고 도망치는데, 허겁지겁 먹다 보면 다음 사진과 같이 몸속에 못이나 쇳조각이 들어가기도 한다. 그래서 몸속에 들어간 못이나 쇳조각을 찾기 위하여 소에게 자석을 먹인다. 소에게 먹이는 자석의 모양을 그리고, 그 특징을 3가지 서술하시오.

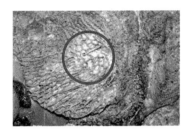

소 위에 박힌 쇳조각

(1) 모양

(2) 특징

12 사슴벌레와 잠자리의 공통점과 차이점을 2가지씩 서술하시오.

13 다음과 같이 페트병에 풍선을 넣은 후 공기를 불어넣었더니 풍선이 부풀지 않았다. 물음에 답하
시오.

(1) 위의 실험 결과를 통해 알 수 있는 사실을 쓰고, 이를 확인할 수 있는 다른 실험 방법을 서술
하시오.

　① 알 수 있는 사실:

　② 이를 확인할 수 있는 다른 실험 방법:

(2) 위의 실험 결과와 같은 현상을 우리 주위에서 찾아 3가지 쓰시오.

14 요즈음에는 청소 로봇, 반려견 로봇 등 여러 종류의 로봇을 일상생활에 이용하고 있다. 이 로봇 중에서 동물의 생김새와 특징을 이용한 것도 있다.

크래브스트   스티키봇   스마트 버드 로봇

위에 제시된 것 외에 동물의 생김새와 특징을 활용한 생체 모방 로봇을 3가지 서술하시오.

영재교육의 모든 것!
시대에듀가 상위 1%의 학생이 되는
기적을 이루어 드립니다.

안쌤 **안재범**

수달쌤 **이상호**

수박쌤 **박기훈**

영재교육 프로그램

프로그램 **1** 창의사고력 대비반

프로그램 **2** 영재성검사 모의고사반

프로그램 **3** 면접 대비반

프로그램 **4** 과고·영재고 합격완성반

수강생을 위한 프리미엄 학습 지원 혜택

 영재맞춤형
최신 강의 제공

 영재로 가는 필독서
최신 교재 제공

 핵심만 담은
최적의 커리큘럼

 PC + 모바일
무제한 반복 수강

 스트리밍 & 다운로드
모바일 강의 제공

 쉽고 빠른 피드백
카카오톡 실시간 상담

시대에듀 **안쌤 영재교육연구소** | www.sdedu.co.kr

시대에듀가 준비한
특별한 학생을 위한
최상의 학습 시리즈

안쌤의 사고력 수학 퍼즐 시리즈

①
- 14가지 교구를 활용한 퍼즐 형태의 신개념 학습서
- 집중력, 두뇌 회전력, 수학 사고력 동시 향상

안쌤의 STEAM + 창의사고력
수학 100제, 과학 100제 시리즈

②
- 영재교육원 기출문제
- 창의사고력 실력다지기 100제
- 초등 1~6학년

안쌤과 함께하는
영재교육원 면접 특강

⑧
- 영재교육원 면접의 이해와 전략
- 각 분야별 면접 문항
- 영재교육 전문가들의 연습문제

스스로 평가하고 준비하는! 대학부설 · 교육청
영재교육원 봉투모의고사 시리즈

⑦
- 영재교육원 집중 대비 · 실전 모의고사 3회분
- 면접 가이드 수록
- 초등 3~6학년, 중등

초등 3학년

영재교육원 영재성검사, 창의적 문제해결력 평가 완벽 대비

안쌤의

STEAM
+창의사고력
과학 100제

정답 및 해설

시대에듀

이 책의 차례

정답 및 해설

에너지 정답 및 해설

01 바늘 자석을 꽂은 종이배

정답

1 S극, 종이배에 꽂힌 바늘이 막대자석의 N극과 인력이 작용하여 가운데로 뭉치지만, 각각의 종이배의 바늘 자석들 사이에서 같은 크기의 척력이 작용하여 정삼각형을 이루게 된다.

2 막대자석과 척력이 작용하고, 종이배들 사이에서도 척력이 작용하므로 세 개의 종이배는 각각 수조의 벽쪽을 향해 움직인다.

3 자석에 있던 자성(자력을 가진 성분)이 바늘로 옮겨가기 때문이다.

4 • 열을 가한다.
• 충격을 준다.
• ㉠에서 문지른 반대의 극으로 문지른다.

🔍 해설

금속으로 된 바늘을 자석으로 문지르면 자석에 있던 자성(자력을 가진 성분)이 바늘로 옮겨가기 때문에 자기의 성질을 띠도록 할 수 있다. 실험 과정의 그림처럼 장치하고 N극을 아래로 가까이 했을 때 배들이 수조의 벽쪽을 향해 움직였다면, 꽂힌 바늘의 위쪽이 모두 N극으로 자화된 것임을 알 수 있다. 비슷하게 자화된 바늘 자석들을 각각 종이배에 같은 극 배치로 꽂고 인력이 작용하도록 영구 자석을 위에서 가까이 하면, 영구 자석과 바늘 자석 사이에는 인력이, 바늘 자석과 바늘 자석 사이에는 척력이 작용하면서 더 이상 모여들지 않게 된다. 종이배가 세 개일 때는 정삼각형, 네 개일 때는 정사각형, 다섯 개일 때는 정오각형을 이루면서 물 위에 떠 있게 된다.

02 자석으로 문지른 못의 변화

정답

1 못의 머리 부분 A가 자석을 향한다.

2 못의 머리 부분 A를 N극으로 문지르면 못의 머리부분 A는 S극으로 자화되고 자석의 N극과 당기는 힘이 생겨서 못의 머리 부분 A는 자석을 향한다.

3 못의 머리 부분 A는 자석 반대 방향을 향한다.

4 아무런 반응도 일어나지 않는다.

🔍 해설

3 N극을 문지른 경우와 반대로 못의 머리 부분 A가 자석 반대 방향을 향하게 된다. 그 이유는 못의 머리 부분 A가 N극으로 자화되어 영구자석과 미는 힘이 작용하기 때문이다.

4 플라스틱은 자화될 수 없는 재질이므로 아무런 반응도 일어나지 않는다.

03 자석의 힘과 쇠구슬의 질량 관계

정답

1

〈10 g 쇠구슬〉   〈50 g 쇠구슬〉

10 g 쇠구슬보다 50 g 쇠구슬이 움직이던 방향을 바꾸려고 하지 않는 힘이 더 크다. 따라서 50 g 쇠구슬은 10 g 쇠구슬보다 덜 휘게 된다.

2 두 구슬은 거의 동시에 내려온다. 두 구슬 모두 속력이 변하는 정도가 동일하기 때문에 동시에 내려오게 된다.

3 • 나침반에 막대자석을 가까이 가져갔을 때 나침반의 붉은 부분이 막대자석을 가리키면 나침반을 댄 쪽이 S극이고, 반대 방향을 가리키면 N극이다.
• 실에 막대자석의 가운데를 묶어 들어 올린 후 기다리면 북쪽을 향하는 면이 N극이고, 남쪽을 향하는 면이 S극이다.
• 수조에 물을 채우고 종이배를 만들어 띄운 뒤 배 안에 막대자석을 넣고 기다리면 북쪽을 향하는 면이 N극이고, 남쪽을 향하는 면이 S극이다.
• 못의 머리 부분에서부터 뾰족한 부분을 향하여 막대자석의 한쪽 면을 반복해서 문지른다. 그 다음 나침반에 자화된 못을 대어 보았을 때, 머리 부분이 N극과 서로 끌어당긴다면 못에 문지른 막대자석의 면은 S극이다.

4 자석의 힘은 극에 따라 다르지 않기 때문에 두 실험 모두 동일한 결과를 얻는다.

🔍 해설

쇠구슬이 아래로 내려오는 이유는 지구가 잡아당기는 힘 때문이다. 지구에서 잡아당기는 힘을 중력이라 하며 그 힘은 물체의 질량이 커질수록, 속력이 더 빨리 변할수록 커지게 된다. 50 g 쇠구슬이 더 큰 힘을 받으므로 옆에서 자석이 쇠구슬을 잡아당기는 힘이 있어도 작은 힘을 받는 10 g 쇠구슬보다 덜 휘게 되는 것이다.

지구상에 있는 모든 물체들은 지구 쪽으로 떨어질 때 속력이 변하는 정도가 모두 같다. 깃털과 무거운 쇠구슬을 진공 속에서 떨어뜨리면 똑같이 떨어진다. 지구에서 깃털과 쇠구슬이 떨어지는 것이 다르게 관측되는 것은 공기의 저항에 의한 것이다. 갈릴레이가 피사의 사탑에서 큰 구슬과 작은 구슬을 떨어뜨렸을 때 동시에 떨어졌다고 하는 것 또한 같은 이유이다.

04 자석을 이용한 축구 놀이

정답

1 압정이 자석에 달라붙는 원리

2 철판을 사용했을 때이다. 자력이 철판을 통과하지 못하기 때문이다.

3 다음 그림과 같이 자석을 스탠드에 고정시키고 그 밑에 나무토막에 실을 연결한 클립을 자석에 가까이 하여 공중에 뜨게 한다. 자석과 클립 사이에 두꺼운 종이, 유리판, 플라스틱판, 얇은 나무판, 철판을 넣었을 때 클립이 공중에 뜨는지, 뜨지 않는지 확인한다.

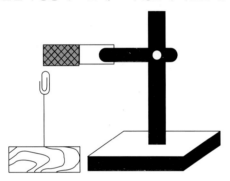

🔍 해설

3 자석의 자기력에 의해 클립이 끌어당겨지는데 나무토막에 연결된 실에 의해 더 끌어당겨지지 않고 공중에 뜨게 된다. 철판(자석에 붙는 물질)은 자석의 자기력을 흡수하여 통과시키지 않기 때문에 클립이 떨어지고, 다른 물질(자석에 붙지 않는 물질)은 자석의 자기력을 통과하기 때문에 클립을 계속 끌어당겨 떨어지지 않고 공중에 떠 있게 된다.

05 빨대를 감자에 잘 꽂는 방법

정답

1 실험 (나)

2 빨대 안의 공기의 압력이 빨대를 강하게 해 주기 때문이다.

🔍 해설

지구상에 완벽한 진공 상태는 없다. 공기는 눈에 보이지 않아서 빨대 안이 빈 것처럼 보이지만 실제로는 공기가 가득 차 있다. 따라서 손가락으로 빨대 끝을 막으면 공기가 나가지 못하게 되어 공기의 압력으로 빨대를 더 강하게 할 수 있다. 만약 손가락으로 빨대를 막지 않은 상태에서 감자를 찌르면 공기가 빠져나가 빨대는 찌그러지게 된다.

06 셀로판테이프를 붙인 풍선

정답

1 터진다.

2 공기를 넣은 풍선은 원래 크기로 돌아가려는 탄성과 풍선 속의 기압으로 인해 풍선 밖으로 나가려는 공기의 힘이 작용한다. 그래서 바늘로 찌르면 순간적으로 바늘 구멍을 넓히면서 터지게 된다.

3 터지지 않는다.

4 셀로판테이프를 붙여 놓으면 풍선이 원래 크기로 돌아가려는 탄성과 풍선 속의 기압을 막아준다. 따라서 셀로판테이프가 붙은 자리를 바늘로 찌르면 구멍은 더 커지지 않고 바늘이 작은 구멍을 막아 주어 터지지 않는다.

해설

공기가 들어간 풍선은 원래 크기로 돌아가려는 성질과 풍선 속의 높은 기압 때문에 풍선 밖으로 이동하려는 공기의 힘이 작용해서 바늘 구멍이 넓어지면서 터지게 된다. 그러나 셀로판테이프를 붙여 놓은 자리에 구멍을 내면 공기가 들어간 풍선은 원래 크기로 돌아가려는 성질은 있지만, 붙어 있는 셀로판테이프가 고무의 탄성이 작용하지 못하도록 막아준다. 따라서 구멍이 커지지 않으면 바늘이 구멍을 막고 있기 때문에 풍선이 터지지 않는다.

07 물질에 따라 달라지는 소리의 빠르기

정답

1 • 기체보다 액체가 소리를 더 빠르게 전달한다.
　• 액체보다 고체가 소리를 더 빠르게 전달한다.
　• 기체일 때 가벼울수록 소리가 더 빠르게 전달된다.
　• 같은 물질이라면 온도가 더 높을 때 소리를 더 빠르게 전달한다.

2 헬륨 가스는 공기보다 가벼워 소리의 속도가 빠르기 때문이다.

해설

2 입 안에서 울리는 소리의 속도는 입 안에 있는 공기의 밀도에 따라 변하게 되고, 이에 따라 소리가 다른 진동수를 갖게 되어 목소리가 변하는 것이다. 보통 공기의 경우 약 $29\,\mathrm{g/cm^3}$의 밀도를 가지고 있으며, 이때 이 공기를 통과하는 소리의 속도는 약 초속 $331\,\mathrm{m}$이다. 동일한 온도에서 헬륨의 밀도는 $4\,\mathrm{g/cm^3}$로 밀도가 공기보다 낮기 때문에 헬륨을 통과하는 소리의 속도는 음속의 3배 정도인 초속 $891\,\mathrm{m}$가 된다. 따라서 입 안에 헬륨이 있는 상태에서 말을 하게 되는 경우 이 소리의 주파수는 보통 공기의 경우보다 2.7배 정도 높기 때문에 이때의 목소리는 평상시보다 2.7옥타브 높아진다.

08 리코더로 알아보는 소리의 높낮이

정답

1 (나)

2 유리병의 수면의 높이를 다르게 한다.

3 리코더의 구멍을 막아 소리가 진동하는 부분을 커지고 작아지게 하는 것은 유리병의 수면의 높이를 다르게 하여 공기의 진동 폭을 다르게 하는 것과 같기 때문이다.

4 • 두꺼운 줄: 낮은음
　 • 얇은 줄: 높은음
　 • 이유: 줄이 두꺼울수록 진동하는 데 많은 에너지를 필요로 하므로 진동수가 작아 낮은음을 낸다.

🔍 해설

1 리코더의 몸통이 유리병이라 한다면 리코더는 바람을 불어 소리를 내는 악기이므로 바람을 불어 넣는 경우라 할 수 있다.

09 종소리를 들을 수 있는 이유

정답

1 잘 들린다. 종의 떨림이 플라스크 안의 공기에 전달되고, 플라스크 안의 공기의 떨림이 플라스크에 전달된다. 또, 플라스크의 떨림이 플라스크 밖의 공기에 전달되고, 플라스크 밖의 공기가 수영이의 귀에 전달된다.

2 플라스크 안이 수증기로 가득 찬다. 물이 끓어 수증기로 변하면서 플라스크 안의 공기를 밖으로 밀어내기 때문이다.

3 종소리는 거의 들리지 않는다. 플라스크가 식으면 플라스크 안에 있는 수증기가 대부분 물로 변하면서 플라스크 안이 진공 상태가 되어 소리를 전달해 줄 공기가 없기 때문이다.

🔍 해설

1 소리는 진동이 매질을 통해 고막으로 전달되는 과정이다.

2 끓는 수증기 분자들이 안에 있는 공기들을 밀어내면 안에는 수증기 분자들로 채워지는데, 뚜껑을 막고 식히면 다시 물이 되어 플라스크 안은 진공 상태와 비슷한 상태가 된다.

3 소리는 진동을 전달시켜주는 물질(매질)이 필요한데, 플라스크 안에는 매질이 없다.

10 삶은 달걀과 날달걀의 차이

정답

1 삶은 달걀

날달걀은 내부가 액체 상태로 되어 있어 회전을 시키면 그 회전력이 액체 내부에 골고루 전달되지 않고 점진적으로 전해지지만, 내부가 고체 상태인 삶은 달걀은 회전력이 골고루 전달되기 때문이다.

2 삶은 달걀은 멈춘 채 움직이지 않지만, 날달걀은 손을 떼면 잠시이기는 하지만 다시 돌아간다. 날달걀이 일단 멈춘 후에도 다시 돌기 시작하는 것은 껍데기 안의 액체 부분이 멈추지 않고 계속 돌아가기 때문이다.

🔍 해설

날달걀은 내부가 반 유동적인 액체 상태로 되어 있어서 회전을 시키면 그 회전력이 액체 내부에 골고루 전달되지 않고 점진적으로 전해지게 된다. 먼저 껍데기가 회전하면서 중간층인 흰자위를 돌려주고 그 회전력이 가운데 있는 노른자위에 전달된다. 이와 같이 날달걀은 껍데기가 회전하는 속도와 내부의 흰자위, 노른자위가 회전하는 속도가 각각 다르고, 회전력이 달걀 내부에 골고루 전달되지 않아 달걀이 잘 돌지 못하는 것이다. 또한, 물체가 회전하게 되면 회전의 중심에서 멀어지려고 하는 원심력이 작용하게 된다. 회전하는 물체가 고체인 경우는 그 값이 정해져 있다. 하지만 반 유동직인 액체는 고속 회전 시 더 넓은 회전 반경을 갖는 쪽으로 액체가 쏠리게 되므로 서 있는 달걀을 넘어뜨리게 되며 회전 관성이 커져 속도가 줄어들게 되는 것이다. 세게 돌렸다가 일단 손으로 잡아 세운 후 손을 떼면 삶은 달걀은 멈춘 채 움직이지 않지만, 날달걀은 손을 떼면 잠시이기는 하지만 다시 돌아간다. 날달걀이 일단 멈춘 후에도 다시 돌기 시작하는 것은 껍데기 안의 액체 부분이 멈추지 않고 계속 돌아가는 관성의 법칙 때문이다.

물질 정답 및 해설

11 참기름 장수의 기술 원리

정답

1 참기름과는 달리 물줄기가 흩어져서 호리병에 채우기 어려울 것이다.

2 물은 참기름보다 점성이 작기 때문이다.

3 꿀 장수이다. 꿀은 참기름보다 점성이 크지만 술은 참기름보다 점성이 작기 때문이다.

해설

물과 기름의 점성(서로 붙어 있는 부분들이 떨어지지 않으려는 성질) 차이 때문이다. 기름의 경우 점성이 매우 크지만 물은 상대적으로 기름보다 점성이 작다. 점성이 큰 액체일수록 가늘게 늘어뜨려 따르기 쉽다. 이때 점성은 '꿀>참기름>물>술' 순으로 크다.

12 네 가지 물질 이름 맞추기

정답

1 A: 소금, B: 설탕, C: 녹말가루, D: 탄산수소 나트륨

2 탄산수소 나트륨이 열에 의해 분해되면 기체(이산화 탄소)가 발생하기 때문이다.

3 • A: 가열하거나 물을 증발시킨다.
  • B: 물을 증발시킨다.

해설

1 ⓛ에서 A는 소금인 것을 알 수 있고, ㉠과 ⓒ에서 B는 설탕인 것을 알 수 있다. 또, ㉣에서 C는 녹말가루인 것을 알 수 있고, ⓒ에서 D는 탄산수소 나트륨인 것을 알 수 있다.

2 탄산수소 나트륨이 분해되면 탄산 나트륨, 물, 이산화 탄소가 생성되는데, 이때 생성된 이산화 탄소로 인해 부풀어 오른다.

3 소금은 결정이 쉬워서 800 ℃ 이상으로 온도가 올라가지 않으면 소금 결정이 녹지 않기 때문에 소금물을 가열하면 소금 결정을 얻을 수 있다. 그러나 설탕은 끓이는 과정에서 설탕 결정이 분해된다. 설탕은 50 ℃를 넘으면 그 용해도가 급격히 증가하여 끓는 물에서는 임의의 비율로 용해되어 버린다. 즉, 설탕물을 가열하면 설탕 결정을 얻을 수 없다. 따라서 설탕물에서 설탕을 얻는 방법은 물을 증발시키는 방법뿐이지만, 소금물에서 소금을 얻는 방법은 가열하는 방법과 물을 증발시키는 방법이 있다.

13 액체에 구슬이 빨리 가라앉은 이유

정답

1 알코올, 물, 식용유 순으로 가라앉는다.
  구슬이 떨어질 때 액체와 부딪치며 떨어지는데 끈끈한 정도(점성)가 클수록 내려가는 구슬과의 마찰력이 커서 늦게 떨어진다.

2 물질마다 밀도가 다르기 때문이다.

3 끈끈한 정도가 클수록 방울의 퍼짐이 작기 때문이다.

〈물〉   〈알코올〉   〈식용유〉

해설

운동하는 액체나 기체 내부에 나타나는 마찰력의 크기는 점성(점도)에 따라 다르게 나타난다. 구슬이 떨어질 때 점성이 클수록 마찰력이 커서 늦게 떨어진다. 그리고 점성이 클수록 분자 간 인력이 커서 유리판 위에서 액체 방울이 퍼지지 않고 잘 뭉쳐 있다. 점성의 크기는 식용유가 가장 크고, 물, 알코올 순이다.

14 흰색의 네 가지 가루를 구분하는 방법

정답

1 베이킹파우더

2 설탕, 소금

3 • 맛을 본다.
  • 물에 녹여 전류가 통하는지 확인해 본다.

해설

1 식초와 반응해서 거품이 나는 물질은 베이킹파우더뿐이다.

2 주어진 조건을 만족하는 물질은 설탕과 소금이다.

3 두 가지 실험을 정리하면 다음 표와 같다.

구분	실험 방법	변화	예상가루
1	맛을 본다.	짠맛을 낸다.	소금
		단맛을 낸다.	설탕
2	물에 녹여 전류가 통하는지 확인해 본다.	전류가 통한다.	소금
		전류가 통하지 않는다.	설탕

15 다이어트 콜라 캔이 물 위에 뜨는 이유

정답

1 일반 콜라 캔은 설탕이 들어 있고, 다이어트 콜라 캔에는 인공감미료가 들어 있다.

2 물에 설탕이 녹아 있는 일반 콜라 캔은 밀도가 물보다 높아 물에 가라앉는다. 반면 물에 인공감미료가 녹아 있는 다이어트 콜라 캔은 밀도가 물보다 낮아 물 위에 뜬다.

3 다이어트 콜라 캔이 먼저 터진다. 설탕이 많이 들어 있는 일반 콜라 캔은 인공감미료가 들어 있는 다이어트 콜라 캔보다 물의 어는점이 낮기 때문이다.

해설

물체의 밀도가 물보다 높으면 물에 가라앉고 물보다 낮으면 뜬다. 일반 콜라 캔 안에는 물과 함께 설탕 등이 들어 있어 밀도가 물보다 높아 물에 가라앉게 된다. 반면 다이어트 콜라 캔 안에는 설탕보다 훨씬 밀도가 낮은 인공감미료가 들어 있는 것으로 알려져 있다. 따라서 다이어트 콜라의 전체 밀도는 물보다 낮아서 물에 뜬다.

16 우리 눈에 보이지 않는 공기

정답

1 연기는 기체가 아닌 작은 액체 방울이나 알갱이들이 빛에 반사되어 보이는 것이다.

2 냄새는 사람 코의 후각 세포를 자극하기 때문에 느낄 수 있다.

해설

1 연기를 기체라 생각하는 사람이 많아서 '기체는 보이지 않는데 연기는 어떻게 보이는 것일까?'하고 의문을 갖기도 한다. 연기는 작은 액체 알갱이들이 섞여 있는 것이므로 정확하게 말해 기체라 할 수 없다. 그래서 연기 속에 있는 작은 물방울이나 알갱이들이 햇빛에 반사되어 하얗게 보이는 것이다.

2 냄새는 아주 작은 입자 형태의 기체이다. 입자가 매우 작아서 우리 눈에 보이지 않는다. 하지만 냄새 입자는 크기는 작지만 스스로 운동을 하고, 사람 코의 후각 세포를 자극하기 때문에 우리가 냄새를 맡을 수 있는 것이다. 물론 후각 세포가 '향기롭다', '달콤하다' 등의 내용을 뇌에 전달하지 않으면 냄새를 느낄 수 없다.

17 유리병 입구에 놓은 삶은 달걀

정답

1 온도가 상승하여 유리병 안의 공기는 부피가 팽창한다.

2 유리병 안으로 들어간다.

3 급격한 온도 변화로 인해 유리병이 깨지지 않도록 하기 위해서이다.

🔍 해설

병 입구에 걸쳐진 삶은 달걀이 기압의 변화로 인해 병 내부로 들어가게 된다. 병을 알코올램프로 달구어 놓으면 병 내부의 공기가 뜨거워져 팽창하게 되고, 병 안의 공기 분자들이 병 밖으로 많이 나가게 된다. 그런 후에 계란을 올려놓아 병 안의 공기 분자와 병 바깥의 공기 분자 사이의 움직임을 막아 놓은 다음, 차가운 물로 병의 온도를 낮추게 되면 병 내부 공기의 온도가 낮아지면서 내부 압력이 감소하게 된다. 외부의 공기 압력은 크고, 내부의 압력은 작기 때문에 외부 공기가 달걀을 밀게 된다. 그래서 껍데기를 벗긴 삶은 달걀을 병 입구에 걸쳐 놓으면 공기의 출입을 막아 외부의 공기 압력에 의해 말랑말랑한 달걀이 눌려 들어가는 것이다.

18 어떤 모양의 얼음이 가장 빨리 녹을까?

정답

1 ㉢ - ㉠ - ㉡ - ㉣

2 표면적이 넓을수록 빨리 녹기 때문이다.

3 구 모양을 하고 있다. 표면장력에 의해 표면적이 가장 작은 모양을 하고 있기 때문이다.

🔍 해설

가장 빨리 녹는 것은 정육면체인 ㉢이고, 가장 늦게 녹는 것은 구인 ㉣이다. 그 이유는 표면적이 큰 것일수록 외부 공기와의 접촉면이 넓어 빨리 녹기 때문이다. 그리고 같은 얼음 덩어리이므로 같은 질량이라는 것은 부피가 같다는 것이다. 같은 부피에서 표면적이 가장 넓은 것은 정육면체이고, 그 다음은 원기둥, 그 다음은 원뿔이며 표면적이 가장 작은 것은 구이다.

19 설탕으로 솜사탕을 만드는 방법

정답

1 고체 → 액체 → 고체

2 ㉠을 중심으로 ㉡을 회전시키면 원심력에 의해 액체 설탕이 ㉢의 옆구멍으로 빠져나온다.

3 설탕의 어는점이 높다는 것을 이용한다. 액체 설탕을 작은 구멍으로 빠져나오게 하면 급격히 냉각되어 가는 실과 같은 고체 설탕이 만들어진다.

해설

솜사탕을 만드는 기계를 보면 중앙에 설탕을 넣을 수 있는 곳이 있다. 이곳은 가스를 사용하여 계속 가열해 아주 뜨겁기 때문에 설탕은 녹아서 액체 상태가 된다. 설탕이 녹아서 담겨진 용기는 전동기와 연결이 되어 아주 빠른 속도로 회전을 하게 된다. 그리고 용기의 외부는 아주 미세한 구멍들이 촘촘히 뚫려 있다. 용기의 회전에 의한 원심력으로 인하여 액체 설탕은 외벽에 몰리게 되고, 구멍을 통하여 가는 실처럼 외부로 뿜어져 나온다. 용기의 밖으로 빠져 나오면 급격히 냉각되면서 굳게 되고 막대를 이용하여 돌돌 말면 맛있는 솜사탕이 완성된다.

20 눈싸움 하기 좋은 함박눈의 특징은?

정답

1 눈에 섞인 수분 차이 때문이다. 수분이 많은 함박눈은 단단하게 잘 뭉쳐지지만, 수분이 없어 푸석푸석한 싸락눈은 잘 뭉쳐지지 않는다.

2 양지에 있는 눈을 사용하는 것이 좋다. 양지에 있는 눈은 햇볕에 살짝 녹아 수분이 많기 때문이다.

3 뭉쳐지지 않는다. 온도가 매우 낮아 눈에 수분이 없기 때문이다.

해설

속담에 '가루눈이 오면 춥고, 함박눈이 오면 포근하다.'고 했다. 이는 각각의 눈이 형성되는 대기층이 눈이 온 후의 기온 변화에 어떻게 영향을 미치는지 알려 준다. 싸락눈은 기온이 낮은 한랭한 공기에서 만들어지므로 눈이 온 다음 더 추워진다. 반면 함박눈은 기온이 상대적으로 높은 공기에서 만들어지므로 함박눈이 오면 포근해진다. 또한, 함박눈이 내리는 밤에는 대기가 안정되어 있기 때문에 바람이 쌩쌩 불고 들이치는 일 없이 고요함 속에서 눈 내리는 소리를 들을 수 있는 것이다. 양지와 음지가 잘 구별되지 않을 때는 눈을 밟아 보면 알 수 있다. 싸락눈이 쌓인 곳은 푸석푸석하는 소리가 나고 발자국이 깨끗하게 찍히는 않는다. 그러나 함박눈이 쌓였거나, 약간 녹아서 물기가 있는 찰진 눈을 밟으면 포드득 소리가 경쾌하게 나면서 발자국이 선명하게 찍힌다.

생명 정답 및 해설

21 메추리알의 부화에 미치는 제초제의 영향

정답

1 제초제가 부화율에 미치는 영향을 알 수가 없다.

2 알에 구멍을 내 제초제만 주입시켜 부화율을 조사한다.

3 알에 낸 구멍이 부화율에 미치는 영향을 알 수 있다.

해설

실험 목적은 메추리알의 부화에 미치는 제초제의 영향을 알아보기 위한 것인데 알코올에 용해시킨 제초제는 실험 목적에 맞지 않다. 따라서 알코올에 용해시키지 않은 제초제를 사용해야 원하는 실험을 할 수 있다. 실험군과 대조군에서 통제 변인을 어떻게 설정하느냐에 따라 좋은 실험 결과를 얻을 수 있다.

22 물고기가 육상에서 생활하려면?

정답

1 • 없던 다리가 생겼다.
  • 있던 꼬리가 없어졌다.
  • 초식성에서 육식성으로 변화했다.
  • 아가미 호흡에서 폐호흡으로 변화했다.

2 • 부레와 측선의 기능이 없어진다.
  • 체외수정 방식이 아닌 다른 수정 방식을 한다.
  • 아가미가 없어지고 폐와 같은 호흡 기관이 생긴다.
  • 지느러미가 없어지고 다리가 생기거나, 뱀처럼 움직인다.

해설

올챙이는 물속에서 생활하고 개구리는 물과 육지에서 생활하는데, 대체로 올챙이는 초식성이고 개구리는 육식성이다. 아가미로 호흡하던 올챙이는 개구리가 되면서 아가미가 퇴화하고 허파가 생겨 폐호흡과 피부 호흡을 한다. 지금 생물들의 몸의 구조는 그들이 살아가는 환경에 적합하도록 진화된 결과이다. 따라서 물고기는 물속에서 생활을 하기 위해 물속 생활에 적응된 몸의 구조를 갖고 있다고 할 수 있다. 하지만 물속에서 나와 육지 생활을 한다면 물속에서 호흡을 하기 위한 구조인 아가미, 헤엄치기 위한 지느러미나 유선형 구조, 물속에서 뜨고 가라앉음을 조절하기 위한 부레, 물의 움직임 변화를 감지하는 측선(옆줄) 등은 불필요한 구조일 것이다. 또한, 물고기는 체외수정을 하는데, 체외수정은 물속에서만 가능하다. 그렇기 때문에 건조한 육지로 올라올 경우 다른 수정 방식을 하게 될 것이다.

23 식료품점에서 파는 유정란도 병아리가 될까?

정답

1 수탉의 정자와 수정된 달걀이기 때문이다.

2 병아리가 되지 않는다. 식료품점에서는 유정란을 차가운 장소에서 보관하기 때문이다.

3 배가 자라는 데 필요한 양분을 제공해 준다.

해설

1 새끼는 수정된 알에서 태어난다. 닭의 경우도 수탉 몸에서 나온 정자가 암탉 몸속으로 들어가 난자와 만나 만들어진 알에서 병아리가 태어난다. 이렇게 수정된 달걀을 유정란이라 한다. 암탉이 품어서 병아리가 되는 달걀이 바로 이런 유정란이다. 그런데 가게에서 파는 달걀은 보통 무정란이다. 무정란은 수탉의 정자 없이 암탉 혼자서 만든 알이기 때문에 병아리가 될 수 없다.

2 유정란이라 하더라도 식료품에서 파는 것은 병아리가 되지 않는다. 식료품점에서 파는 유정란은 차가운 장소에서 보관한 것이기 때문이다. 알은 적당한 온도와 습도에서 며칠 동안 계속 품어 주어야 병아리가 될 수 있다. 병아리가 되는 부분은 흰자위도 노른자위도 아니다. 흰자위와 노른자위는 모두 병아리가 되기 위한 양분이다.

3 병아리가 되는 부분인 배는 노른자위에 살짝 붙어 있다. 배는 처음에는 아주 작지만, 세포가 많아지면서 점점 자란다. 머리, 다리, 날개가 생기고 어린 병아리가 달걀 안을 꽉 채운다. 병아리가 양분인 흰자위와 노른자위를 다 써 버리면 껍질을 깨고 밖으로 나온다.

24 개구리가 추운 겨울을 나는 전략

정답

1 변온동물인 개구리는 날씨가 추워지면 체온이 내려간다. 체온이 내려가면 활동할 수 없게 되어 아무것도 먹지 않고도 겨울을 날 수 있다.

2 개구리는 물속에서 겨울잠을 잔다. 물의 온도는 0~4 ℃ 정도이기 때문이다.

3 두꺼비는 땅속에서 겨울잠을 잔다. 두꺼비는 땅을 팔 수 있고, 땅속 온도는 0 ℃ 아래로 내려가지 않기 때문이다.

해설

개구리는 겨울잠을 자는 동안 아무것도 먹지 않는다. 개구리나 도마뱀, 뱀 등의 양서류나 파충류 등 변온동물(외부의 온도 변화에 따라서 체온이 변화하는 동물로 어류, 양서류, 파충류가 이에 포함된다)의 체온은 기온에 따라 달라지므로 날씨가 추워지면 체온도 내려간다. 체온이 내려가면 활동을 할 수 없게 되고 아무것도 먹지 않고도 추운 겨울을 날 수 있다. 또한, 겨울잠을 자는 이유는 영하인 날씨에 활동하다가는 굶어 죽거나 얼어 죽을 수도 있기 때문이다. 그런데 이들이 겨울을 나는 전략이 꽤 다양하다. 뱀이나 곰이 굴에 들어가 추위를 피하는 것은 그중 하나일 뿐이다. 개구리는 보통 물속에서 겨울을 보낸다. 수면이 꽁꽁 얼어붙은 강물도 밑바닥은 0~4 ℃로 지낼 만하기 때문이다. 한편, 땅을 팔 수 있는 두꺼비는 온도가 어는점, 즉 0 ℃ 아래로 내려가지 않는 땅속에서 겨울잠을 잔다.

25 중생대에 가장 번성했던 파충류

정답

1 악어는 변온동물로 스스로 체온을 일정하게 유지하지 못하기 때문에 체온을 유지시키기 위해 낮에는 햇빛이 잘 드는 곳에서 일광욕을 하며 열을 공급받는다.

2 악어는 온몸이 각질로 덮여 있어 체내의 수분을 거의 뺏기지 않아 수분이 부족한 환경에서도 서식이 가능하다. 악어는 변온동물로 체온을 일정하게 유지시킬 필요가 없기 때문에 열을 발생시키기 위해 필요한 에너지를 절약할 수 있다. 또한, 환경이 나빠지면 대사 활동을 거의 정지시키고 겨울잠을 자기 때문에 정온동물인 포유류에 비해 기온이 낮거나 먹이가 부족한 환경에서도 비교적 잘 적응할 수 있다.

해설

파충류의 한 종류인 악어는 몸이 각질로 덮여 있고, 폐호흡을 하며, 단단한 껍데기에 쌓인 알을 낳는다. 악어는 체온을 스스로 조절하지 못하는 변온동물이다. 정온동물의 경우 대사 활동을 통해 발생한 열을 이용해 체온을 유지하지만, 변온동물은 태양열과 같은 외부의 열을 통해 체온을 유지한다. 따라서 변온동물은 체온을 유지하기 위해 에너지를 소모하지 않으므로 환경이 나빠지면 불필요한 활동을 최소화하고, 정온동물의 $\frac{1}{4}$가량을 섭취한다.

26 화석으로 알아보는 시조새의 특징

정답

1 시조새는 앞다리가 날개의 형태이며, 몸 둘레에 깃털 자국이 있다. 또, 입은 길게 나온 부리의 형태로, 조류의 특징을 가지고 있기 때문이다.

2 턱뼈에 이빨이 나 있는 것으로 보아 모이주머니나 모래주머니를 가지고 있지 않았을 것이다. 가슴에 붙어 있는 근육이 발달하지 않은 것으로 보아 장시간의 비행이 불가능했을 것이다.

해설

시조새는 오늘날 조류의 조상으로 추정되는 고생물로, 쥐라기에 번성했다. 크기는 0.6~1 m 가량의 원시적인 새로, 파충류에서 조류로의 진화 과정을 잘 보여준다. 눈이 크고 뚜렷한 부리가 있는 머리는 조류와 비슷하나, 오늘날의 조류와는 달리 잘 발달된 이빨을 가지고 있었다. 척추는 단순하고, 길고 잘 발달된 꼬리는 구조적으로는 크기가 작은 공룡의 것과 비슷하지만, 꼬리에 깃털이 있다. 뒷다리의 끝부분에는 발톱이 3개 있었으며 새와 비슷하게 생겼다.

27 모기의 유충인 장구벌레가 호흡하는 방법

정답

1 흐르지 못하고 고여 있는 물은 산소가 부족하여 썩고, 그 물에 녹아 있는 산소로 호흡하던 생물은 더 이상 살 수 없기 때문이다.

2 물에 사는 많은 생물들은 물속에 녹아 있는 산소로 호흡을 하나, 장구벌레는 꼬리 쪽에 있는 호흡관(숨관)을 통해 공기 중의 산소로 호흡한다. 따라서 산소가 부족한 호수에서도 살아갈 수 있다.

🔍 해설

간척사업이란 둑이나 방조제를 쌓고 바닷물이 들어오는 것을 막아 새로운 땅을 만들어내는 것을 말한다. 방조제를 쌓고 바닷물을 빼낸 뒤 그 물을 담수(염분이 없는 물)로 만들어 인근의 새로운 간척지에 농업용수로 공급할 목적으로 시화호를 개발했으나, 방조제 공사 이후 호수가 차츰 썩어가며 공사 3년 만에 '죽음의 호수'로 바뀌었다. 시화호는 새로 들어오는 물의 양이 매우 적어 거의 고여 있는 물이나 다름없었다. 흐르지 못하고 고여 있는 물은 산소가 부족하여 썩게 되는데, 그 과정에서 물속에 녹아 있던 산소로 호흡하는 생물이 떼죽음을 당했다. 그에 비해 장구벌레는 꼬리 쪽에 있는 호흡관을 물 밖으로 내놓고 공기 중에 있는 산소로 호흡을 하기 때문에 물속에 녹아 있는 산소의 양과는 상관없이 생존이 가능하다. 이러한 이유로 산소가 부족해 다른 생물이 살 수 없는 물에서는 천적이 없는 장구벌레가 급속도로 증가하게 되고, 그 결과 인근 지역에서는 모기떼가 극성을 부리게 되는 것이다.

이후 관계부처가 담수화를 포기하고 해수화를 결정함과 동시에 조력발전소를 건설해 해수 유통량을 5~10배 증가시켜 새로운 생명의 호수로 탈바꿈 되었다.

28 비가 오면 지렁이가 땅 위로 올라오는 이유

정답

1 연우의 설명은 옳지 않다. 지렁이는 피부에 있는 작은 구멍을 통해 호흡하는데, 비가 너무 많이 오면 땅속에 물이 가득 차 호흡을 할 수 없기 때문에 땅 위로 올라오는 것이다.

2 지렁이의 피부는 매우 얇아 건조한 환경에서는 지렁이 몸 안에 있던 수분을 쉽게 빼앗기기 때문이다.

🔍 해설

지렁이의 피부는 매우 얇기 때문에 건조한 환경에서는 몸속에 있는 수분을 쉽게 빼앗길 수 있다. 이러한 이유로 축축한 땅속에서 서식하며, 피부에서 끈적이는 물질을 계속해서 분비한다. 또한, 지렁이는 피부에 작은 구멍을 가지고 있어 이곳을 통해 땅속의 작은 공간에 있는 산소를 받아들여 호흡한다. 따라서 너무 많은 비가 내려 빗물이 땅속의 틈을 막아버리면 지렁이는 호흡을 할 수 없어 땅 위로 올라오게 된다. 하지만 비가 그친 후 빨리 땅속으로 돌아가지 못하면 지렁이는 뜨거운 햇볕에 의해 몸속의 수분을 빼앗기게 되는데, 이것이 비가 그친 후 아스팔트 위에 말라죽어 있는 지렁이를 자주 볼 수 있는 이유이다.

29 벌새가 정지 비행을 하는 이유

정답

1 (가) 전진 비행   (나) 정지 비행   (다) 후진 비행

2 벌새는 꽃에 앉지 않고 꽃과 꽃 사이를 재빨리 날아다니면서 꿀을 먹을 수 있다.

해설

벌새의 날개는 전체가 거의 고정되어 있고 손목이나 팔꿈치에 해당하는 부분도 거의 움직이지 않으며 날개는 회전관절로서 어깨에 붙어 있다. 이 날개는 앞뒤로 배를 젓는 노처럼 퍼덕인다. 그림 (가)는 앞으로 비행할 때의 날개 모양이고, 그림 (다)는 뒤로 비행할 때의 날개 모양이다. 그림 (나)는 날개를 앞으로 치는 상태를 나타낸 것이다. 날개는 보통 새들이 하는 아래로의 날개치기처럼 앞 가장자리가 앞으로 움직이지만, 이때는 양력만 생기고 추진력은 생기지 않도록 각도를 잡고 있다. 뒤로의 날개치기는 오른쪽처럼 날개 전체가 어깨에서 수평으로 180° 회전하여 날개 아래쪽이 위로 향하고, 앞 가장자리가 뒤를 향하게 하여 공기를 파헤친다. 이 경우에도 추진력은 없고 양력만 생기기 때문에 벌새는 공중에서 마치 헬리콥터가 정지 비행을 하듯이 정지한 상태로 있으면서 꿀을 빨아먹을 수 있는 것이다. 이런 행동이 1초에 50~80번 일어나기 때문에 사람의 육안으로는 관찰이 불가능하다. 벌새는 이러한 강력한 날갯짓을 위해 특별히 발달된 근육을 갖고 있는데, 가슴 근육이 체중의 3분의 1을 차지할 정도이다. 정지 비행 (Hovering)은 벌새가 공중에 떠서 꽃과 꽃 사이를 재빨리 날아다니면서 먹이를 먹을 수 있게 해 준다. 만약 벌새가 정지 비행을 할 수 없다면 먹이를 먹기 위해 꽃 위에 앉게 되고 새의 무게 때문에 꽃과 새는 함께 땅에 떨어지게 될 것이다.

30 벌집은 왜 정육각형 모양일까?

정답

1 정육각형 구조가 튼튼하고 공간의 낭비를 최소화하는 효율적인 구조이기 때문이다. 하지만 원 모양은 중간에 빈 공간이 생기게 되어 육각형 구조에 비해 공간 활용이 비효율적이다.

2 정삼각형 모양은 재료가 많이 들고, 정사각형 모양은 외부의 힘에 약하다.

해설

벌은 배에서 나오는 밀랍과 진흙, 그리고 벌의 타액을 이용하여 집을 짓는데, 그 두께는 0.1 mm로 매우 얇다. 그 모양도 마치 자로 잰 듯 반듯반듯한 정육각형 모양을 일정한 크기로 질서정연하게 늘어놓는다. 벌이 육각형 모양을 선호하는 데는 그 이유가 있다. 일단 육각형 모양은 튼튼하고 공간의 낭비를 최소화하는 효율적인 모양이기 때문이다. 원이 가장 튼튼한 모양이기는 하지만 서로 접했을 때 중간에 빈 공간이 생기게 되는 단점이 있다. 따라서 벌은 원기둥의 강도에 효율적인 공간 이용을 할 수 있는 육각형 모양을 이용하여 집을 짓는 것이다. 정삼각형의 한 내각의 크기는 60°, 한 꼭짓점에 6개를 맞붙이면 360°가 된다. 마찬가지로 한 내각의 크기가 90°인 정사각형 4개, 한 내각의 크기가 120°인 정육각형 3개를 한 꼭짓점에 모으면 360°가 된다. 모든 변의 길이가 같은 정다각형 중 평면을 빈틈없이 메울 수 있는 것은 정삼각형, 정사각형, 정육각형, 이렇게 세 가지뿐이다. 그렇다면 이 세 가지 도형 중 벌이 굳이 정육각형 모양을 택한 이유는 무엇일까? 정삼각형 모양으로 벌집을 만들면 견고하기는 하다. 하지만 집을 짓는 데 드는 재료에 비해 확보되는 공간이 넓지 않다. 정확하게 말하면 동일한 공간의 방을 만드는 데 정육각형에 비해 두 배의 재료가 든다. 정사각형 모양으로 만들 경우에는 양 옆에서 조금만 건드려도 잘 흔들리기 때문에 외부의 힘에 쉽게 무너질 수 있다. 정육

각형은 붙여놓았을 때 서로 많은 변이 맞닿아 있어 구조로 안정적이다. 또한, 재료에 비해 넓은 공간을 얻을 수 있기 때문에 경제적이다. 사실 자연계에서 정육각형을 서로 이어 붙여 평면을 메운 예를 흔하게 찾아볼 수 있다. 곤충의 눈, 잠자리의 날개, 눈의 결정 모양에서도 정육각형 모양이 발견된다. 자연계뿐만 아니다. 비행기 날개의 내부도 정육각형 모양의 구조로 되어 있다. 이 역시 가볍고 튼튼하면서도 재료가 적게 들기 때문이다.

여름철이 되면 나무를 감고 올라가는 나팔꽃을 볼 수 있다. 나무는 모든 방향에서 불어오는 바람의 피해를 최소화하는 원통형의 모양이다. 나팔꽃은 나무에 꼭 매달리도록 줄기를 나선형으로 감고 올라간다. 언뜻 생각하면 두 점 사이를 잇는 최단 거리는 직선이라는 기본 원리를 따르지 않는 것으로 보이지만, 나선형으로 감겨 있는 나팔꽃의 줄기를 펼쳐보면 직선이 된다. 결국 나팔꽃의 줄기는 최단 거리로 나무를 감아 올라간 것이다.

이렇게 꿀벌이나 나팔꽃이 수학적으로 가장 효율적인 방식을 택하고 있음은 인간이 자연에 경외감을 가져야 하는 이유일 것이다.

지구 정답 및 해설

31 바람이 부는 이유

정답

1 대류 현상에 의한 상하 운동을 한다. (물이 순환한다.)

2 알코올램프의 가열에 의해 온도가 높아진 물은 가벼워져서 위로 올라가고, 가열되지 않은 물은 무거워 아래로 이동하기 때문이다.

3 적도 부근

4 공기도 물과 같이 이동한다. 물이 가열된 쪽은 공기의 저기압 부분에 해당되고, 가열되지 않은 쪽은 공기의 고기압에 해당된다. 이때 물은 가열되지 않은 쪽에서 가열된 쪽으로 이동하는데, 이는 고기압에서 저기압으로 이동하는 것과 같다.

🔍 해설

가열된 공기나 유체가 움직이면서 열이 전달되는 현상은 열의 대류이다. 주전자에 물을 넣고 끓이면 데워진 부분의 물은 열팽창으로 밀도가 내려가 가벼워져 상승하고 동시에 주위의 차가운 부분의 물은 공간으로 들어간다. 이러한 작용이 반복되면서 주전자의 물 전체가 데워진다. 주전자의 경우에는 중심 부근에서 뜨거운 물이 상승하고 주전자의 벽 부근에서 하강하는 흐름이 일어나는데, 이런 대류 작용은 공기나 유체 사이의 온도차에서 비롯되는 것이다. 즉, 가열되는 쪽은 분자 운동이 활발하여 밀도가 낮아져 가벼워지고 기압이 낮아진다. 가열되지 않은 쪽은 분자 운동이 활발하지 않아 밀도가 높아 상대적으로 무거워지고 기압이 높아진다. 즉, 가벼워진 공기(저기압)는 올라가고, 무거워진 공기(고기압)는 빈 공간을 채우기 위해 이동한다. 따라서 공기는 고기압에서 저기압으로 이동한다.

32 등산할 때 동서남북 방향을 찾는 방법

정답

1 ㉠, ㉢, ㉣
　㉠ 북극성의 위치는 북쪽을 가리키므로 동서남북을 찾을 수 있다.
　㉢ 식물의 꽃이나 잎의 방향은 태양 쪽을 향하므로 동서남북을 찾을 수 있다.
　㉣ 이끼는 그늘진 북쪽 부분에서 주로 자라므로 동서남북을 찾을 수 있다.

2 ㉡, ㉢, ㉢
　㉡ 바람이 부는 방향은 계절과 날씨에 따라 변하므로 동서남북을 찾을 수 없다.
　㉢ 시냇물이 흐르는 방향은 지형에 따라 다르므로 동서남북을 찾을 수 없다.
　㉢ 구름이 움직이는 방향은 계절과 날씨에 따라 변하므로 동서남북을 찾을 수 없다.

🔍 해설

이끼류는 죽은 나무둥지의 그늘진 부분(북쪽 부분)에서 잘 자라고, 식물의 잎이나 꽃의 방향은 태양 쪽을 향하는 경향이 있으므로 남북 방향을 대략 알 수 있다. 또한, 태양이 없는 밤에는 북극성 같은 별을 관측해 방향을 파악할 수 있다. 그러나 바람이 부는 방향이나 물이 흘러가는 방향, 구름이 움직이는 방향 등은 계절이나 날씨에 따라 변하므로 동서남북을 알 수 없다.

33 바다에 기름이 유출되면 일어나는 현상

정답

1 ㉣ 더 넓게 퍼진다.

㉤ 바람에 의해 더 빨리 퍼진다.

㉥ 작은 물결에 의해 더 빨리 퍼진다.

2 바람과 파도

3 • 물고기를 잡는 어부들에게 피해를 준다.

• 바다에서 생활하는 새들은 기름에 노출된 물고기를 잡아먹어 기름의 피해를 받는다.

• 바다 위에 기름이 퍼지면 공기와 햇빛을 차단하여 바다 속 식물 플랑크톤과 식물이 양분을 만들지 못한다.

• 바다 위의 기름이 바다 속으로 내려가 식물의 표면, 물고기알, 물고기 아가미를 덮으면 호흡을 하지 못한다.

해설

바다에 기름이 유출되면 여러 가지 현상이 일어난다.

• **해양 생물에 미치는 피해**

정유 산물은 모두 해양 생물에게 해롭다. 불용성 석유 부분은 생물을 덮음으로써 질식을 유발하거나 식용 생물을 먹을 수 없게 손상시킨다. 또한, 분자량이 낮은 지방족은 해수에 쉽사리 용해되며 낮은 농도에서 생물을 마취·마비시킨다. 농도가 높을 때에는 특히 해양 생물의 유생 시기에 세포를 손상시키거나 죽음에 이르게 하기도 한다. 일반적으로 하등 무척추 동물로부터 고등 무척추 동물 혹은 고등 무척추동물로부터 어류에 이르면서 석유가 미치는 영향은 증가하는 경향을 보인다. 그러나 어류는 헤엄칠 수 있고 오염된 곳을 피할 수 있기 때문에 저항성이 큰 다른 하등 동물보다 피해가 적을 수 있다.

• **해양 미생물에 대한 영향**

유류 성분은 일반적으로 해양 박테리아의 성장을 저해시킨다. 석유 탄화수소에 노출된 해양 환경에서는 미생물의 수와 다양성을 감소시키며 경우에 따라서는 탄화수소의 첨가가 탄화수소를 이용하는 미생물에 대하여 풍족한 환경을 형성하여 결과적으로 미생물을 증가시키는 환경을 만들기도 한다. 이 경우에는 종의 다양성은 감소할지라도 박테리아 개체군은 전반적으로 증가할 것이다.

• **해양 플랑크톤의 영향**

국지적인 해역에서 석유 유출은 수면에 뜬 기름 속에 들어 있는 유독 성분과의 접촉 때문에 식물 플랑크톤 또는 원생동물 개체군의 감소를 일으킬 수 있으나 플랑크톤 군집 전반에 대한 영향은 미세하다. 이들 생물은 매우 빨리 번식하고 어떤 개체군이 감소하면 급속히 회복되기도 한다. 그러나 플랑크톤 군집의 일부 생물군인 어류, 갑각류 및 연체동물의 유생 등은 심하게 영향을 받을 수 있고 이 경우에 회복은 수년 이상 걸리게 된다.

• **어류에 대한 영향**

어류에 대한 석유의 악영향은 어류의 상업적 가치로 인해 중요성이 커졌다. 유류 오염에 의한 어류의 치사가 보고되어 있지만 심한 정도는 아니다. 이것은 유류 오탁 지역으로부터 도피하는 어류의 능력에 기인한 것인데, 석유 생산 기지 주변 수역에서는 어류 수의 감소가 거의 나타나지 않는다. 어류 군집 가운데 가장 큰 위협은 고농도의 석유에 접하게 되는 저생성 어류, 그리고 어류의 어린 시기가 석유의 중독에 가장 예민하기 때문에 산란장 해역에서 나타난다. 어류 치사의 증거가 충분하지 않더라도 어류의 조직 속에 암유발성 방향족 화합물의 축적은 심각한 문제를 야기시킨다. 석유 탄화수소의 농도가 $1\ mg/L$의 낮은 수준에서 노출되어도 일부의 어류는 해독을 일으킨다. 사람의 경우는 $5\sim20\ ppm$ 범위의 농도로 동물 조직 속에 들어있는 석유 탄화수소의 맛을 느낄 수가 있다. 더구나 어류와 패류는 그 조직 속에 발암성 방향족 화합물을 생물축적한다.

- 바닷새에 대한 영향

  바다에서 생활하는 많은 새들은 해수 표면에 떠다니거나 먹이를 취하기 위해 물 속으로 날아들 때 기름에 접촉하게 되므로 석유 오염에 특히 취약하다. 새들이 기름과 접촉하게 되면 기름이 깃털을 젖게 하여 깃털이 갖고 있는 방수 및 단열 기능을 파괴함으로써 새들을 추위에 떨게 하고 물에 노출시켜 죽게 만든다. 또한, 새들은 흔히 깃에 묻은 기름을 닦아 내기 위하여 주둥이를 사용하면서 기름을 섭취하게 되어 체내에 손상을 입는다. 새들은 비교적 수명이 길고 생식률이 낮기 때문에 개체군 손실에 대한 회복은 아주 더디게 이루어진다. 이로 인해서 석유 오염은 해양 생물 가운데 어떠한 종류보다도 바닷새에 대해서 더욱 손상을 일으키는 것이다.

- 해양 포유류에 대한 영향

  해양 포유동물은 비교적 수가 적고 고도의 운동성이 있어 석유 유출에 접하는 경우가 적다. 그러나 접하게 될 경우에 눈이 멀거나 털의 기능이 약화된다는 일부 보고가 있다.

- 인간의 연안 활동에 주는 피해

  연안 위락지역에 대량의 기름 유출 사고가 발생하게 되면 해수욕, 뱃놀이, 낚시 등의 여가 활동과 호텔, 음식점 주인 또는 여행객들을 대상으로 생계를 이어가는 사람들에게 피해를 준다. 기계의 정상적인 작동을 위해 깨끗한 해수 공급이 필요한 공장 주변에서 발생한 유류 유출 사고 또한 문제가 된다.

- 어업과 양식에 주는 경제적 피해

  유류 유출은 해양 생물을 잡거나 양식하는 데 사용되는 배나 도구에 직접적인 피해를 줄 수 있다. 물 위에 떠 있거나 고정되어 있는 장비는 더 큰 피해를 입고 물속에 있는 그물, 통발, 밧줄은 기름의 영향은 덜 받지만 기름 때문에 건져 올려지지 않아서 이차적인 문제를 불러일으킬 수 있다. 또한, 양식에 더욱 큰 피해를 준다. 양식기구가 유류에 오염되면 유류 성분을 지속적으로 공급하는 역할을 하게 되어 양식생물을 오염시킨다. 유류 유출은 소비자의 시장신뢰도를 감소시키는데, 이는 소비자들이 유류 유출이 발생한 지역에서 생산된 해산물을 소비하는 것을 꺼리기 때문이다. 따라서 시장신뢰도를 유지하고 오염된 해산물을 잡는 것을 방지하기 위해서 유류가 확산되면 어획 도구를 보호하고 해산물의 포획과 양식 활동을 일정 기간 동안 금지해야 한다.

- 생태계에 미치는 영향과 회복

  유류 유출이 해양 생물에 미치는 집중적인 피해는 수개월 내에 일어나지만 생태계의 기반과 구조에 따라 수십 년에 걸쳐 피해가 장기화될 수 있다. 또한, 서식 생물상이 복원되는 데 걸리는 시간은 유류의 종류, 피해 범위뿐만 아니라 방제와 복원에 기울이는 노력에 따라서도 달라진다.

34 물 부족을 해결할 수 있는 방법

정답

1 • 인공강우
   • 지하수 활용
   • 생활 하수의 정화
   • 바닷물에서 염분 제거
   • 빗물, 강 등의 담수 저장 용량 확대

2 농도가 높은 바닷물이 우리 몸에 들어오면 우리 몸은 몸 안의 농도를 일정하게 유지해야 하므로 높아진 농도를 낮추기 위해 더 많은 물을 필요로 하게 된다.

해설

뜨거운 한여름에 바다에 표류된 사람은 아무리 심한 갈증에 시달린다 하더라도 주변의 바닷물을 마실 수가 없다. 우리 몸의 세포에는 적당량의 무기 염류가 있어 세포의 삼투압과 pH를 유지시키고 있는데 그 농도는 약 0.9%가 된다. 그러나 바닷물의 무기 염류 농도는 약 3%이며 우리 몸의 세포액 농도보다 진하다. 그러므로 바닷물을 마시면 혈액 중의 무기 염류 농도가 세포액의 농도보다 진해져 세포로부터 혈액이나 림프로 물이 빠져 나오게 된다. 그 결과 혈액의 양이 많아지게 되고, 신장은 혈액의 농도를 일정하게 유지하기 위해 염류나 물을 배출시키지만 겨우 2% 정도의 염류만을 배출할 수 있을 뿐이다. 무기 염류가 3% 섞인 바닷물 1 L를 마셨다고 하면 2%의 염류를 품고 있는 오줌을 1.5 L 이상 배출하지 않으면 체액의 농도가 유지될 수 없다. 바닷물에 들어 있는 염류를 체내에서 제거하기 위해서는 마신 바닷물보다 더 많은 오줌을 배출해야만 한다. 그러므로 마신 바닷물보다 더 많은 양의 물이 조직 세포로부터 빠져 나오게 되어 결국 탈수 현상을 일으켜 죽게 되는 것이다. 실제로 바다에 표류된 사람이 바닷물을 1 L 마실 때마다 0.5 L의 체액이 감소된다.

35 강의 하류에서 상류로 쉽게 이동하는 방법

정답

1 돌의 아래쪽에 퇴적물이 쌓이고 돌의 왼쪽은 침식되어 깎인다.

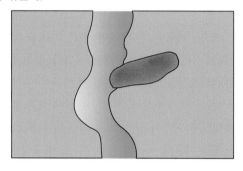

2 돌의 아래쪽 퇴적물은 더 길게 쌓이고 돌의 왼쪽은 굴곡이 더 심해진다. 물에 의해 더 많은 퇴적물을 이동시키기 때문이다.

3 강물을 거슬러 올라가야 하므로 강물의 흐름이 느린 안쪽을 이용하여 올라가면 좀 더 쉽게 이동할 수 있다.

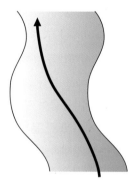

해설

2 강의 바깥쪽은 물의 흐름이 빠르고 안쪽은 느리다. 강물을 거슬러 올라가야 하므로 강물의 흐름이 느린 안쪽으로 올라가면 된다. 상류에서 하류로 내려갈 때는 강의 바깥쪽의 흐름을 이용하는 것이 효율적이다.

36 시간이 지날수록 꼬불꼬불한 냇물은?

정답

1 ㄴ, ㄷ

냇물의 휘어진 부분의 바깥쪽 바닥은 물의 속력이 빠르므로 바닥이 깎여 깊이가 깊고, 안쪽 바닥은 물의 속력이 느리므로 퇴적물이 쌓여 경사가 완만하기 때문이다.

2 휘어진 부분의 바깥쪽은 더 깎이고 안쪽은 더 쌓여서 더 심한 S자형 모양이 된다. 그리고 나서 더 긴 시간이 지나 심하게 휘게 되면 중간이 만나 우각호가 생긴다.

해설

1 완만한 곳에서 건너기 시작하여 급격한 경사로 올라갔으므로 ㄴ, ㄷ의 경우가 가능하다. ㄱ, ㄹ의 경우는 깊은 곳에서 얕은 곳으로 간 것이고, ㅁ, ㅂ의 경우는 휘어진 부분이 아니어서 경사 차이가 나지 않는다.

37 강의 상류와 하류의 돌의 모양이 다른 이유

정답

1 상류는 강의 폭이 좁고 경사가 급하나, 하류는 강의 폭이 넓고 경사가 완만하다. 또한, 상류는 물의 양이 적고 빠르나, 하류는 물의 양이 많고 느리다.

2 강의 상류의 돌은 돌에 모가 나 있고 큰 편이며, 강의 하류의 돌은 둥글고 작은 편이다.

3 강의 하류로 갈수록 부딪치고 갈려서 모가 나있는 돌이 점점 둥근 돌이 된다.

해설

1 강의 상류는 산골짜기를 따라 흐르며, 강의 폭이 좁고 경사가 급하며 폭포가 있다. 주변에 있는 바위와 돌은 크고 모가 나 있으며 표면이 거칠다. 중류는 들을 따라 흐르며, 강의 폭이 넓고 경사는 급하지 않다. 또한, 강이 구불구불하며 냇가에는 모래와 자갈이 많다. 하류는 바다와 만나는 곳에 있으며, 강의 폭이 중류보다 더욱 넓고 경사가 거의 없다. 냇가의 자갈은 둥글고, 모래는 많고 곱다.

2 강의 주변에 있는 돌의 모습은 상류는 크기가 크고 모가 나 있으며 표면이 거칠다. 중류는 크기가 작고 둥글고 표면이 매끈매끈하다. 하류는 아주 작은 돌이나 고운 모래가 많이 쌓여 있다.

3 하류로 갈수록 돌이 물과 함께 떠내려가면서 부딪쳐 점점 매끄러운 돌로 변하게 된다.

38 물에 운동장의 흙과 화단의 흙을 넣으면?

정답

1 • 물의 양
  • 물의 온도
  • 컵의 크기
  • 컵의 종류
  • 운동장의 흙과 화단의 흙의 양

2 (가): 운동장의 흙
  (나): 화단의 흙
  화단의 흙에는 운동장의 흙에 비해 부유물이 많이 있기 때문이다.

3 물 위에 떠 있는 물질은 식물이 성장하는 데 도움을 준다.

해설

운동장의 흙과 화단의 흙을 비교하는 실험을 할 때는 흙의 종류만 다르게 하고 나머지 조건은 모두 같게 해야 한다. 화단의 흙에는 물에 잘 뜨는 부유물이 많다. 부유물에는 식물의 뿌리, 나뭇잎 등이 있으며, 가끔 작은 곤충도 있다. 이러한 생물이 썩어서 생긴 물질은 식물을 잘 자라게 해 준다.

39 진흙, 모래, 자갈의 특성을 알아보는 실험

정답

1 (다)

2 알갱이가 작을수록 알갱이 사이에 생긴 틈으로 물이 잘 통과하지 못하고, 물을 많이 붙잡아 둘 수 있기 때문이다.

해설

화분 속의 진흙, 모래, 자갈이 붙잡아 놓지 못하는 물은 화분 밑구멍을 통해 흘러 내려 비커에 모인다. 저장할 수 있는 물의 양은 진흙, 모래, 자갈에 따라 각각 다르다. 자갈은 굵은 알갱이로 이루어져 있어 아주 작은 양의 물만 붙잡아 둘 수 있다. 이와 달리 알갱이가 아주 작은 진흙은 물을 많이 붙잡아 둘 수 있다. 진흙에 난 틈은 몹시 작아 물을 잘 통과시킬 수 없기 때문이다. 따라서 알갱이가 작을수록 알갱이 사이에 생긴 틈으로 물이 잘 통과하지 못하고, 물의 부착력이 크게 작용해 물을 많이 붙잡아 둘 수 있음을 알 수 있다.

40 다른 조건의 페트병 중 온도가 가장 높은 것은?

정답

1 • 가장 온도가 높은 것: A
  • 가장 온도가 낮은 것: F

2 • 물과 흙, 모래를 비교했을 때 물의 온도보다 흙과 모래의 온도가 빨리 올라간다.
  • 검은색은 빛을 모두 흡수하는 색이므로 검은색 흙과 모래 중 검은색 흙이 더 많은 열을 받게 된다.
  • 빛을 받는 부분에 흰색 페인트칠을 해 놓으면 빛이 반사되어 아래까지 잘 전달되지 않는다. 따라서 흰색 페인트칠을 하지 않은 곳이 더 많은 열을 받게 된다.

융합 정답 및 해설

41 박쥐가 어두운 동굴을 잘 날아다니는 이유

정답

1 가설은 '박쥐는 적외선을 이용해 장애물을 인식할 것이다.'이지만, 실험은 '박쥐의 머리에서 적외선을 이용한다.'는 가설의 실험을 진행하고 있으므로 박쥐가 적외선을 이용한다는 가설을 입증할 수 없다. 그러므로 타당하지 않다.

2 교란용 초음파를 발생시켰을 때 박쥐가 장애물을 피하는 능력에 이상이 생겼다면, 초음파가 장애물을 인식하는 데 어떤 역할을 하고 있음을 알 수 있게 된다. 그러므로 타당하다.

3 햇빛에는 가시광선, 자외선, 적외선 등 다양한 파장의 광선이 있다. 햇빛을 차단한 방에서 장애물을 인식하지 못한다는 결과가 나오더라도 그것이 자외선 때문인지를 알 수 없다. 그러므로 타당하지 않다.

4 '박쥐는 눈 이외의 기관을 이용해 장애물을 인식할 것이다.'라는 가설을 세웠기 때문에 박쥐의 눈을 가리고 장애물을 피할 수 있는지를 관찰하는 실험은 가설에 올바른 방법이다. 그러므로 타당하다.

5 박쥐의 귀를 가리고 장애물을 피하는지를 관찰하면 귀가 장애물 인식 과정에서 역할을 하는지를 알 수 있다. 그러므로 타당하다.

🔍 해설

상황에 맞는 올바른 가설을 세웠는지, 그리고 그 가설이 맞는지 틀리는지 알기 위해 실험이 제대로 설계되었는지를 판별하는 문제이다. 좋은 가설이란 하나의 주장만을 담고 있어야 한다. 그리고 그 가설을 입증할 수 있는 실험이 설계되어야 한다.

42 승용차 안쪽 유리창에 김이 서리는 이유

정답

1 공기 중의 수증기가 차가운 유리창에 부딪히면서 응결되어 물방울이 생기기 때문이다.

2 응결된 물방울은 샴푸액이나 비누액과 섞여서 방울지지 않고 물막을 형성하기 때문이다.

3 뜨거운 바람에 의해 물방울을 증발시켜 없애는 것이다.

🔍 해설

유리창에 뿌연 김이 서리는 이유는 공기 중의 수증기가 차가운 유리의 표면에 붙어서 작은 물알갱이 형태로 남아 있기 때문이다. 공기 중의 수분이 차가운 유리창에 부딪히면 응결되고, 응결된 작은 물방울들은 빛을 산란, 굴절, 반사시켜서 유리창에 뿌연 서리를 만든다. 일반적으로 유리창에 샴푸액을 바르거나 비누액을 바르면 공기 중의 수분이 샴푸액에 응결되어서 방울 형태로 있지 않고 녹아서 샴푸액을 희석시킨다. 즉, 유리창에 얇은 물막을 형성하는 것이다. 그렇게 되면 공기 중의 수분이 계속 응결되어서 물막이 두터워지게 되고 어느 정도 이상이 되면 아래로 흘러내리게 된다. 시중에서 판매하는 대부분의 김서림 제거제는 위와 같은 원리를 이용한 것이다. 또한, 뜨거운 바람으로 유리창을 가열시켜서 응결 현상이 일어나지 않도록 하는 것도 한 방법이다. 공기 중의 수분이 따뜻해진 유리창에 부딪혀 열에너지를 흡수하게 되면 수증기는 분자의 열운동이 더욱 활발해져 응결되지 않고 유리창에 뿌연 서리를 만들지 않는다.

43 식당에서 구멍 뚫린 얼음을 사용하는 이유

정답

1 (가)

2 공기와 접촉하는 면적이 더 넓기 때문이다.

3 찬 음식이나 음료의 온도를 빨리 낮추기 위해서이다.

🔍 해설

구멍이 뚫린 얼음이 뚫리지 않은 얼음보다 빨리 녹는다. 그 이유는 공기와 접촉하는 면적이 넓기 때문이다. 식당이나 패스트푸드점에서 구멍이 뚫린 얼음을 많이 사용하는 이유는 음식이나 음료의 온도를 빠르게 낮추기 위해서이다.

44 물과 수은의 성질이 다른 이유

정답

1 물은 부착력이 응집력보다 크기 때문이다.

2 수은은 응집력이 부착력보다 크기 때문이다.

3 유리컵의 표면에서는 부착력이 작용하지 않고 응집력만 작용하여 가운데가 볼록한 모양을 띤다.

🔍 해설

물의 경우 유리관 내벽과 물이 수소 결합을 하여 유리관과 물의 부착력이 물 분자들 사이의 응집력보다 강해 물이 유리관을 따라 오목하게 올라가게 된다. 반면, 수은의 경우에는 수은 분자들 사이의 응집력이 유리관과 수은 사이의 부착력보다 강해 유리관 내의 액면이 볼록하게 내려가게 된다. 그러나 유리컵의 표면에서는 부착력이 작용하지 않기 때문에 물도 수은과 같이 액면이 볼록하게 된다. 이는 물의 응집력에 의한 현상 또는 표면장력에 의한 현상이라고도 한다.

융합 정답 및 해설

45 동물이 자신을 보호하는 방법

정답

1 노란 셀로판지는 노란색의 빛만 통과시키기 때문이다.

2 보호색

3 카멜레온, 개구리 등

해설

우리의 눈으로 색깔을 볼 수 있는 것은 빛이 있기 때문이다. 만약 빛이 없는 깜깜한 밤이라면 빨강, 노랑, 파랑 등의 색깔을 볼 수 있을까? 아니다. 모두 검게 보일 것이다. 밤에도 이런 색깔을 보려면 불빛이 있어야 한다. 예를 들어, 사과의 붉은색을 본다는 것은 빛의 여러 가지 색깔 중에서 다른 색깔은 사과가 다 받아들이고 붉은색만 우리 눈으로 반사(내보내)해 주는 것이다. 노란색으로 그린 새의 그림에 노란 셀로판지를 씌웠을 때는 전체의 색깔이 노란색으로 보인다. 그 이유는 노란 셀로판지가 노란색 빛만 통과시키기 때문이다. 그래서 노란색의 새가 사라지게 된다. 노란 바탕에 노란색을 덧칠해도 그 효과가 두드러지지 않는 것과 같은 현상이다.

동물의 세계에서도 이와 비슷한 방법으로 주변 환경의 색깔에 따라 몸의 색깔을 바꾸어(보호색) 힘이 약한 자신을 다른 동물로부터 보호한다. 예를 들어 카멜레온은 주변의 색깔에 맞춰 몸의 색깔을 바꿈으로써 자신을 보호한다. 주변의 색깔에 의해 자신의 먹이를 구별해 내지 못할 만큼 동물의 눈은 색을 정확히 알아내는 능력이 부족하다.

46 알에 껍데기가 있는 것과 없는 것의 차이

정답

1 껍데기가 있는 알은 땅에서 부화하고, 껍데기가 없는 알은 물속에서 부화한다.

2 수분의 증발과 외부의 충격을 막아준다.

해설

어류와 양서류 등의 알은 껍질이 없지만, 파충류와 조류의 알은 껍질을 가지고 있다. 파충류는 가죽질, 조류는 석회질의 껍질이 있는 알을 낳는다. 이는 어류와 양서류의 알이 물속에서 부화하고, 파충류와 조류의 알은 땅에서 부화한다는 차이와 깊은 관련이 있다. 물 밖에서는 생명이 자라는 데 필수적인 수분이 말라버리지 않도록 껍질로 보호해야 하기 때문이다. 그 밖에도 껍질은 파충류와 조류의 알을 외부로부터 보호하는 역할을 한다.

47 파리들이 병 속에서 날아다니면 저울의 눈금은?

정답

1 ㉠, ㉡, ㉢ 모두 같다.

2 마개로 막은 유리병 안의 질량은 변하지 않기 때문이다.

🔍 해설

파리들이 날아다닐 때나 앉을 때 또는 유리병에 붙어 있을 때 유리병의 무게에 약간의 차이가 있을지도 모른다. 그러나 파리 떼가 마개로 막은 병 안에서 날아다닌다면 병의 무게는 밑바닥에 앉아 있는 경우의 무게와 같다. 무게는 병 내부의 질량에 의해 결정되며 그 질량은 변하지 않는다. 날아다니거나 병 옆에 붙어있는 파리의 무게는 병의 바닥에 어떻게 전해질까? 그것은 바로 파리의 날갯짓으로 생기는 공기의 흐름, 특히 아래쪽 기류에 의해 전해진다. 또한, 그 하강 기류는 다시 위로 올라오게 되는데 그렇다면 그 공기의 움직임은 유리병의 바닥에 가한 힘과 같은 힘이 병의 윗부분에도 미칠까? 그렇지 않다. 병 속의 공기는 바닥에 더 큰 힘을 가하는데 그 이유는 아래쪽으로 더 빨리 움직이며 바닥에 충돌하기 때문이다. 그럼 위로 올라오는 공기는 왜 느리게 움직일까? 그 원인은 바로 마찰이다. 공기의 마찰 없이 파리는 날 수 없다.

48 터널 안에서는 노란색 전구를 사용하는 이유

정답

1 • 어둡다.
　• 곤충들이 많다.
　• 자동차 배기가스가 많아 혼탁하다.

2 • 어두운 곳에서는 노란색 전구의 불빛이 눈에 더 잘 보인다.
　• 노란색 전구에 모여드는 곤충의 수가 더 적다.
　• 노란색 전구의 불빛의 투과력이 더 높아 배기가스가 많은 곳에서 더 잘 보인다.

3 • 투과력이 좋기 때문에 자동차의 안개등에 사용된다.
　• 눈에 잘 띄기 때문에 도로 공사장의 작업복, 삼색 신호등의 주의등 등에 사용된다.

🔍 해설

터널 안과 같은 어두운 곳에서는 노란색 전구의 불빛이 눈에 가장 잘 보인다. 노란색 불빛은 이보다 더 밝은 무색 전구의 불빛에 비해 확산력이 높아 잘 보인다. 터널 속과 같이 자동차 배기가스가 많은 곳에서는 무색 불빛보다 노란색 불빛의 투과력이 더 높다. 무색 전등에 비해 노란색 전등 빛에 모여드는 곤충의 수가 적다. 도로에서 공사하거나 환경 정리 등을 하는 분들의 옷이 노란색인 것도 주위가 어두울 때나 멀리서 눈에 잘 띄는 색이기 때문이다. 그리고 삼색 신호등에서 보면 통과는 초록색, 정지는 빨강색, 주의등은 노란색인데 이것도 터널의 전구가 노란색인 것과 관계가 있다. 또한, 자동차의 안개등이 노란색인 까닭은 안개 속에서 다른 색 불빛에 비해 투과력이 우수하기 때문이다.

49 물고기가 어떻게 물의 압력을 견딜까?

정답

1 물고기는 입으로 물을 들이마셔서 몸 밖의 물의 압력과 몸 안의 압력이 똑같도록 조절하기 때문이다.

2 깡통에 구멍을 뚫은 후 물속에 넣는다. 깡통의 안과 밖의 압력이 같아져 찌그러지지 않기 때문이다.

🔍 해설

지금까지 사람이 장비의 도움 없이 가장 깊이 잠수한 기록은 127 m라 한다. 하지만 이것은 특별한 기록일 뿐, 사람은 40 m 이상 잠수하면 위험하다. 그 이유는 물의 압력을 견디지 못하기 때문이다. 잠수함도 보통 300~800 m 정도밖에 잠수하지 못한다. 그런데 물고기는 그보다 훨씬 깊은 곳에서도 살고 있다. 물고기가 그렇게 깊은 곳에서 물의 압력을 견딜 수 있는 이유는 물의 압력에 몸을 맞출 수 있기 때문이다. 물고기는 끊임없이 입으로 물을 들이마셔 몸 안으로 들어온 물의 압력과 몸 밖의 물의 압력을 똑같게 만든다. 그래서 수천 미터의 깊이에서도 눌리거나 터지지 않고 살 수 있다. 이것은 물속 깊은 곳에 깡통을 넣으면 찌그러지지만, 그 깡통에 구멍을 뚫어서 넣으면 찌그러지지 않는 것과 같은 원리이다.

50 물이 쏟아지지 않는 손수건 마술

정답

1 ⓒ에서는 손수건에 형성된 표면장력보다 쏟아지는 물의 압력이 커서 물이 손수건을 통과하지만, ⓒ에서는 손수건에 형성된 표면장력과 손수건을 들어 올리려는 대기압이 쏟아지려는 물의 압력과 평형을 이루어 물이 쏟아지지 않는다.

2 유리병을 위로 올렸다가 내리면 물이 아래로 내려가려는 힘이 더 강해져서 힘의 평형이 깨지기 때문이다.

1

예시답안

- 10=1+9
- 10=2+8
- 10=3+7
- 10=4+6
- 9=1+8
- 9=2+7
- 9=3+6
- 9=4+5
- 8=1+7
- 8=2+6
- 8=3+5
- 7=1+6
- 7=2+5
- 7=3+4
- 6=1+5
- 6=2+4
- 5=1+4
- 5=2+3
- 4=1+3
- 3=1+2

🔍 **해설**

덧셈식을 이용해 측정할 수 있는 무게의 식을 만든다.

2

모범답안

수요일 오후 4시 30분

🔍 **해설**

수요일 오후 3시 30분 인천을 출발한 비행기가 14시간을 날아서 토론토에 도착했으므로 우리나라 시각으로 토론토에 도착한 시간은 목요일 오전 5시 30분이다. 토론토는 우리나라보다 13시간 느리므로 토론도 시각을 기준으로 비행기가 토론토에 도착한 시간은 수요일 오후 4시 30분이다.
(우리나라에서 출발한 시각)+14시간−13시간
=(토론토에 도착한 시각)이다.

3

모범답안

3000원

🔍 해설

26개의 동전을 9개, 9개, 8개의 3묶음으로 나누어 9개의 2묶음을 양팔저울의 접시에 각각 1묶음씩 올려놓는다. 양팔저울이 균형을 이루면 남아있는 8개의 묶음에 가짜 동전이 있고, 양팔저울이 기울어지면 올라간 묶음에 가짜 동전이 있다.

① 9개의 묶음에 가짜 동전이 있는 경우

　3개씩 3묶음으로 나누어 2묶음을 양팔저울의 접시에 각각 1묶음씩 올려놓는다. 양팔저울이 기울어지면 올라간 묶음에 가짜 동전이 있고, 균형을 이루면 남아 있는 묶음에 가짜 동전이 있다. 가짜 동전이 있는 묶음의 동전 3개 중에서 양팔저울의 접시에 각각 1개씩 올려놓고 위와 같은 방법으로 생각하면 양팔저울을 1번 사용하여 가짜 동전을 찾아낼 수 있다. 즉, 양팔저울을 총 3번 사용하면 가짜 동전을 찾아낼 수 있다.

② 8개의 묶음에 가짜 동전이 있는 경우

　2개, 3개, 3개의 3묶음으로 나누어 3개의 2묶음을 양팔저울의 접시에 각각 1묶음씩 올려놓는다. 양팔저울이 균형을 이루면 남아있는 2개의 묶음에 가짜 동전이 있고, 기울어지면 올라간 묶음에 가짜 동전이 있다. 3개의 묶음에 가짜 동전이 있으면 ①과 같은 방법으로 저울을 1번 사용하면 가짜 동전을 찾아낼 수 있고, 2개의 묶음에 가짜 동전이 있으면 양팔저울의 접시에 동전을 각각 한 개씩 올려놓고 가짜 동전을 찾아낼 수 있다. 즉, 양팔저울을 총 3번 사용하면 가짜 동전을 찾아낼 수 있다.

①, ②에서 양팔저울을 3번 사용하면 26개의 동전 중 가짜 동전을 찾아낼 수 있으므로 양팔저울을 사용하는 데 필요한 최소한의 돈은
$3 \times 1000 = 3000$ (원)이다.

4

모범답안

〈가〉 □×10 , 〈나〉 15, 〈다〉 없음

🔍 해설

10, 20, 30의 수를 포함하므로 〈가〉는 □×10 이다. 〈나〉는 3의 배수이면서 5의 배수이고, 30을 제외한 수이므로 15이다. 〈다〉는 1~30까지의 수에서 10의 배수이면서 10, 20, 30을 제외한 수이므로 해당 수는 없다.

5

모범답안

가장 큰 값: 8577
가장 작은 값: 177

🔍 해설

가장 큰 값의 경우는 종이 띠를 4번 잘랐을 때 나올 수 있는 다섯 개의 수 중에서 네 자리 수가 가장 크게 나오도록 자르면 된다. 즉, $4+1+2+8563+7=8577$이다.
가장 작은 값의 경우는 종이 띠를 4번 잘랐을 때 나올 수 있는 다섯 개의 수 중 두 자리 수가 작게 나오도록 자르면 된다. 즉, $4+12+8+56+37=117$ 또는 $41+28+5+6+37=117$이다.

6

(1) 43

(2) 15, 17, 23, 29, 31

🔍 **해설**

(1) 첫 번째 토요일은 6일이고 6주 전 수요일은

$6 \times 7 + 3 = 45$ (일) 전이다. 12월 6일에서 5일 전은

12월 1일이고, 12월 1일에서 30일 전은 11월 1일이며,

11월 1일에서 10일 전은 10월 22일이다.

한편, 첫 번째 토요일은 6일이고 6주 후 수요일은

$6 \times 7 + 4 = 46$ (일) 후이다.

12월 6일에서 25일 후는 12월 31일이고, 12월 31일

에서 21일 후는 1월 21일이다.

따라서 구하는 두 날짜를 더한 값은 22+21=43이다.

(2) 가운데 칸의 수를 □라 하면

윗 줄의 두 칸의 수는 각각 □-8, □-6이고, 아랫

줄의 두 칸의 수는 각각 □+6, □+8이다.

5칸의 수를 모두 더하면

□-8+□-6+□+□+6+□+8=115,

5×□=115, □=23이다.

따라서 선택한 5칸의 수는 15, 17, 23, 29, 31

이다.

7

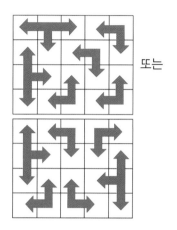

또는

🔍 **해설**

〈보기〉 판에서 □의 개수는 $4 \times 5 = 20$ (개)이고, □의

개수가 (가)는 3개, (나)는 4개이다.

(나)만을 사용하여 판을 빈틈없이 덮으려면 (나)를 5개 사

용하면 된다. 그러나 (나)의 모양으로는 빈틈없이 덮을

수 없다.

그 다음으로 도형을 최소한으로 사용하는 방법은 (가)

4개, (나) 2개이다.

빈틈없이 판을 덮는 방법은 예시답안 이외에도 여러 가

지 있다.

8

예시답안

- 추위를 이기기 위해 무리지어 생활했을 것이다.
- 보호색으로 몸에 난 털이 하얀색이었을 것이다.
- 추위를 견디기 위해 여러 겹의 털이 자랐을 것이다.
- 열이 빠져나가는 것을 막기 위해 몸이 둥글둥글해졌을 것이다.
- 추위를 견디기 위해 몸에 두꺼운 지방층이 생겨 몸집이 컸을 것이다.
- 낙타처럼 먹이를 먹으면 지방 덩어리를 모아서 어깨에 혹으로 모아놓았을 것이다.
- 체온이 빠져나가지 않도록 표면적을 줄이기 위해 귀의 크기가 작고, 꼬리도 짧았을 것이다.
- 펭귄처럼 원더네트(열교환 구조)나 혈액이 많이 흐르는 구조의 발을 갖고 있어 얼지 않았을 것이다.

🔍 해설

추운 북극 지방에서 코끼리가 살았다면 매머드와 비슷한 모습으로 추위를 이겨냈을 것이다. 몸의 표면적을 줄여 체온을 유지하고, 발이 얼지 않는 구조로 환경에 적응했을 것이다.

9

모범답안

(1) ① 소리가 더 잘 들리는 방: 텅 비어 있는 방
　② 그 이유: 방 안에 물건이 있으면 소리가 물건에 흡수되어 감소되거나 물건에 여러 번 반사되어 소리의 크기가 줄어들기 때문이다.
(2) • 음악 소리의 크기
　• 듣는 사람의 위치
　• 나무판과 스티로폼판을 기울이는 각도

🔍 해설

빈 방에서 직접 귀로 전달된 소리와 벽에 반사된 소리의 시간 차이로 인해 메아리가 생겨 소리가 울린다.

10

(1) ① 사용해야 할 지도: 〈나〉 지도

　② 그 이유: 〈가〉 지도는 둥근 지구를 평면으로 만들었으므로 극지방이 늘어나 더 넓어 보이기 때문이다.

(2) ·지도를 잘라 바다와 육지를 구분한 후 무게를 측정해 비교한다.

　·지도 위에 모눈종이를 덮고, 바다와 육지에 해당하는 칸을 세어 비교한다.

　·지도에 일정한 간격으로 가로줄과 세로줄을 그은 후, 바다와 육지에 해당하는 칸을 세어 비교한다.

해설

〈가〉 지도는 둥근 지구 표면을 평면으로 표현한 것으로, 아주 오래 전 항해용으로 만든 세계 지도이다. 적도를 기준으로 북쪽과 남쪽으로 갈수록 실제보다 면적이 확대되어 넓어 보인다. 예를 들어 지도상에서는 아프리카와 그린란드의 크기가 비슷해 보이지만 실제 아프리카가 그린란드보다 14배 크다. 그러나 〈가〉 지도는 세계 지도를 한눈에 볼 수 있는 장점이 있어 많이 이용된다.

〈나〉 지도는 육지의 모양과 육지와 바다의 면적을 정확하게 만든 지도이다. 하지만 바다가 갈라져 있어 육지와 바다의 관계를 알기 어렵다.

11

(1) 모양

(2) 특징

　·소 위에 상처를 내지 않도록 둥글어야 한다.

　·강한 위산에 녹지 않는 재질로 만들어야 한다.

　·소 위 속에서 돌아다니지 않도록 무거워야 한다.

　·쇳조각을 잘 끌어당기기 위해 자석의 힘이 강해야 한다.

　·소가 삼키기 쉽도록 크기는 작고 가늘고 긴 모양이어야 한다.

해설

소에게 먹이는 자석은 자석의 힘이 강한 알니코 자석이나 네오디뮴 자석을 사용한 둥근 막대 모양으로, 크기는 길이 7~10 cm, 지름 1.5~2.5 cm 정도이다.

12

예시답안

〈공통점〉

- 다리가 6개이다.
- 날개가 2쌍이다.
- 겹눈을 가지고 있다.
- 곤충으로 분류할 수 있다.
- 머리, 가슴, 배로 구분할 수 있다.

〈차이점〉

- 사슴벌레는 초식이고, 잠자리는 육식이다.
- 사슴벌레는 암수 구별이 쉽지만 잠자리는 암수 구별이 어렵다.
- 사슴벌레는 흙 속에 알을 낳지만 잠자리는 물속에 알을 낳는다.
- 사슴벌레는 완전 탈바꿈을 하지만 잠자리는 불완전 탈바꿈을 한다.
- 사슴벌레는 번데기 과정을 거치지만 잠자리는 번데기 과정을 거치지 않는다.
- 사슴벌레 유충(애벌레)은 흙 속에서 생활하지만 잠자리 유충은 물속에서 생활한다.

13

예시답안

(1) ① 알 수 있는 사실: 공기는 일정한 공간을 차지한다.

② 이를 확인할 수 있는 다른 실험 방법: 물위에 병뚜껑을 띄운 후 컵을 뒤집어 물속으로 눌러본다. 공기는 일정한 공간을 차지하고 있기 때문에 병뚜껑이 컵과 함께 아래로 내려간다.

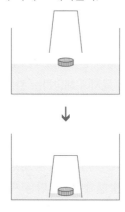

(2) ① 에어백

② 광고 풍선

③ 공기 안전매트

④ 물놀이용 튜브

⑤ 공기를 넣은 축구공

⑥ 질소 기체를 넣은 과자 봉지

14

- 애벌레의 움직임을 본떠 지진, 폭발, 화재 등 재난 현장에서 좁은 공간으로 들어가 탐색하는 웜 로봇을 만들었다.

〈애벌레〉

〈웜 로봇〉

- 지렁이의 움직임을 본떠 미끌미끌한 내장을 움직이며 진단하는 내시경 로봇을 만들었다.

〈지렁이〉

〈내시경 로봇〉

- 공벌레의 생체적 특징을 반영하여 몸을 스스로 말았다가 펼침으로써 변신 가능하고, 공 모양으로 빠르게 정찰 위치로 투척하고 정찰 위치에서 펼쳐지는 정찰 로봇을 만들었다.

〈공벌레〉

〈정찰 로봇〉

- 실제 치타의 몸 구조를 모방하여 고속으로 주행하는 치타 로봇을 만들었다.

〈치타〉

〈치타 로봇〉

시대에듀와 함께 꿈을 키워요!

www.**sdedu**.co.kr

안쌤의 STEAM + 창의사고력 과학 100제 초등 3학년

초판3쇄 발행	2025년 01월 10일 (인쇄 2024년 10월 17일)
초 판 발 행	2023년 09월 05일 (인쇄 2023년 06월 14일)
발 행 인	박영일
책 임 편 집	이해욱
편 저	안쌤 영재교육연구소
편 집 진 행	이미림
표 지 디 자 인	박수영
편 집 디 자 인	채현주 · 윤아영
발 행 처	(주)시대에듀
출 판 등 록	제 10-1521호
주 소	서울시 마포구 큰우물로 75 [도화동 538 성지 B/D] 9F
전 화	1600-3600
팩 스	02-701-8823
홈 페 이 지	www.sdedu.co.kr
I S B N	979-11-383-4111-0 (64400)
	979-11-383-4110-3 (64400) (세트)
정 가	17,000원

안쌤의
STEAM + 창의사고력
과학 100제 시리즈

과학사고력, 창의사고력, 융합사고력 향상

영재성검사 창의적 문제해결력 기출문제 및 풀이 수록

안쌤의
STEAM
+ 창의사고력
과학 100제

초등 **3**학년

시대에듀

발행일 2025년 1월 10일 | **발행인** 박영일 | **책임편집** 이해욱 | **편저** 안쌤 영재교육연구소
발행처 (주)시대에듀 | **등록번호** 제10-1521호 | **대표전화** 1600-3600 | **팩스** (02)701-8823
주소 서울시 마포구 큰우물로 75 [도화동 538 성지B/D] 9F | **학습문의** www.sdedu.co.kr

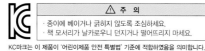

코딩·SW·AI 이해에 꼭 필요한
초등 코딩 사고력 수학 시리즈

- 초등 SW 교육과정 완벽 반영
- 수학을 기반으로 한 SW 융합 학습서
- 초등 컴퓨팅 사고력 + 수학 사고력 동시 향상
- 초등 1~6학년, SW영재교육원 대비

③

④

안쌤의 수·과학 융합 특강

- 초등 교과와 연계된 24가지 주제 수록
- 수학 사고력 + 과학 탐구력 + 융합 사고력 동시 향상

※도서의 이미지와 구성은 변경될 수 있습니다.

안쌤의 신박한 과학 탐구보고서 시리즈

⑤

- 모든 실험 영상 QR 수록
- 한 가지 주제에 대한 다양한 탐구보고서

영재성검사 창의적 문제해결력
모의고사 시리즈

⑥

- 영재교육원 기출문제
- 영재성검사 모의고사 4회분
- 초등 3~6학년, 중등

시대에듀와 함께해요!
초등 한국사 완성 시리즈

STEP 1 한국사 개념 다지기

왕으로 읽는 초등 한국사

▶ 왕 중심으로 시대별 흐름 파악
▶ 스토리텔링으로 문해력 훈련
▶ 확인 문제로 개념 완성

연표로 잇는 초등 한국사

▶ 스스로 만드는 연표
▶ 오리고 붙이는 활동을 통해 집중력 향상
▶ 저자 직강 유튜브 무료 동영상 제공

STEP 2 한국사능력검정시험 도전하기

매일 쓱 읽고 쏙 뽑아 싹 푸는 초등 한국사

▶ 초등 전학년 한국사능력검정시험 대비 가능
▶ 스토리북으로 읽고 워크북으로 개념 복습
▶ 하루 2주제씩 한국사 개념 한 달 완성

PASSCODE 한국사능력검정시험
기출문제집 800제 16회분 기본(4·5·6급)

▶ 기출문제 최다 수록
▶ 상세한 해설로 개념까지 학습 가능
▶ 회차별 모바일 OMR 자동채점 서비스 제공

※ 도서의 구성과 이미지는 변경될 수 있습니다.